中央民族大学青年文库

数字图像艺术中的技术与艺术研究

Shuzi Tuxiang Yishu Zhong De Jishu Yu Yishu Yanjiu

李光◎著

中央民族大学出版社
China Minzu University Press

图书在版编目（CIP）数据

数字图像艺术中的技术与艺术研究 / 李光著 .

北京：中央民族大学出版社，2024. 11.（2025. 9 重印）

ISBN 978-7-5660-2463-3

Ⅰ. TN911.73

中国国家版本馆 CIP 数据核字第 2024LV2847 号

数字图像艺术中的技术与艺术研究

著　　者　李　光

策划编辑　赵秀琴

责任编辑　陈　琳

封面设计　舒刚卫

出版发行　中央民族大学出版社

北京市海淀区中关村南大街 27 号　　邮编：100081

电话：（010）68472815（发行部）　传真：（010）68933757（发行部）

（010）68932218（总编室）　（010）68932447（办公室）

经 销 者　全国各地新华书店

印 刷 厂　北京鑫宇图源印刷科技有限公司

开　　本　787×1092　1/16　印张：10.75

字　　数　140 千字

版　　次　2024 年 11 月第 1 版　2025 年 9 月第 2 次印刷

书　　号　ISBN 978-7-5660-2463-3

定　　价　54. 00 元

前　言

数字图像在现阶段已经发展成为我们的生活中必不可少的一部分，它的高效、快捷，以及与传统行业互相影响的特性使得它迅速成为一种应用广泛的图像形式。在时代的变迁中，我们总会面对不同的工具、不同的手段给我们这个世界带来的视觉上、感观上的新变化，数字图像则是在现阶段应运而生的展示手段。

数字图像作为一种媒介，它源于计算机科学，而数字图像艺术作为带有数字特征的图像艺术可以说出于人类对复制的理解及对传播的渴望。

随着计算机科技及相关行业的发展，数字图像艺术借助数字手段从诞生至今不过短短几十年。从艺术角度讲，我们面对以新手段创造的图像时，会对它展现出来的魅力提出新的审美需求，并且对视觉上涉及的元素加以分析、归类，以期最终找到一条通往深入体验的路径。

数字图像可分为载体部分、呈现部分、流通部分三个方向。而这三个方向都涉及数字技术手段演变的过程。所以，数字图像艺术研究本身也涉及对相关使用设备和技术的研究，它为数字图像艺术研究提供了一种技术层面的新角度。

本书梳理了关于数字图像技术与艺术发展的时间纵轴。数字图像艺术之所以被称为“艺术”，是因为它在自身的发展、变化中形成了一套有别于其他艺术语言的特性：重复性中显示出了重复的特性，可变性中又蕴藏着交相互动的特性。在网络世界的易传播性、存储设备的易用性上，数字图像及数字图像艺术都具有独特的优势。我们建构的数字图像世界是一个虚拟世界，它有易失性，维持显示需要不竭的能源的支持。

图像研究属于视觉文化研究的一个分支，目的是在属于现象的部分中寻找到存在的意义。通过对数字图像艺术的观察及对相关专业技术领域的探究，我们在其结构的内部发现了可供我们与当下真实世界对照的部分。我们通过类比进入一个可以进行比较分析的新的虚拟审美当中，并且对最终与真实世界混合的事实进行剖析，得出结论。思想外化与屏幕内化之间的转换最终形成数字图像艺术的技术和艺术两大部分。它与我们所在的真实世界紧密相连，在研究的过程中突出强调了不同手段带来的不同意义，最终实现数字图像艺术的分类，达到我们可以深入其中探索的目的。

数字图像艺术来源于艺术家、科学技术人员，甚至是科学家的共同配合，它不仅在现阶段提供了新的观看方式，日后也定会在新的领域中有更多、更新的呈现形式。我们也可以从数字图像艺术研究的领域去判断未来图像的发展。历史螺旋式不断向前，我们也正在以几何级的速度向未来前进。与尤瓦尔·赫拉利在《未来简史》中为我们描绘的未来世界类似，人工智能、大数据算法都可以通过算法延伸出未来的数字图像和数字图像艺术，为未来的数字图像发展提供新的前景。

目　录

绪 论

早在原始图像时代，人类就开始以初级的复制性方法进行艺术加工，并制作各种与生活和信仰相关的物件。这种行为一直延续至今。复制性使人类创造出了无数相似类型的器具和艺术作品。自然界中的一切都是独一无二的，但人类以最初的想象打破了这种唯一性，并结合多种方式使创造之物更加易于流通和传播。同时，我们对此种形式的考量还基于艺术品创作工具。模块的使用可以使我们更加快速地去创造一个可复制、可传播的世界。

当然，此种复制传播臆想与人们对美的构想同步。古希腊时期，人们讨论的美是一种实体的美，它像我们使用的模具一样真实存在。这种实体的美可以被创造、复制与传播，而这种实体上的传播在未来又带来了更多的关于传播美学的讨论。

西方美学定义了关于美的一些基本的共同特点，比如比例、和谐及功用。鲍姆嘉通提出了美学概念，明确了美学为感性科学，它出自我们的观念。对比之前人们提出的美学，就像维特根斯坦在《哲学研究》中总结所说：美是形容词，而非具有具体实体性的名词。这时候的美学脱离了追求实体的阶段，而逐渐成为关于认识论的科学，审美也走上了艺术哲学之路。

与此同时，印刷和传播学的迅速发展使人们的知识体系和传播能力变得空前强大，人们可以从丰富的知识体系中找寻纷繁的观念。在鲍姆嘉通所生活的18

世纪，人们正在经历着蒸汽时代。在此之后，摄影的发展也使复制传播领域得到了更大的发展，摄影逐渐取代了绘画的记录功能。摄影本身是具备复制和传播功能的，而我们对美的认识已经扩展到了新闻和纪实领域，最终形成了摄影这门独特的艺术语言形式。

此时，人类对自身精神领域的分析初见端倪，并且已经开始对自身的现实进行研究和分析。在前现代美学中，艺术和现实属于同一领域，它们之间存在紧密的联系。艺术能够对现实产生直接的作用，是现实的一部分。而摄影作为在此种体系下与现实有着紧密联系的艺术形式被巩固下来，其“能指”和“所指”隐含在符号学意义中。

在接下来的发展中，我们可以看到，电视的出现意味着电子图像信息被制作出来，传播出现了新的契机。至此，传播的图像变成了一种抽象的电子图像所组成的可识别画面而真实存在。此时，我们的审美也逐渐有了虚拟化的苗头，关于电视图像的审美体系也走向了新的方向。

计算机的发明与我们当前生活的距离并不遥远，也就50年左右的时间。它通过电子计算的方式改变了我们的生活方式，使传播变得更加完善且易于操作。我们只要通过鼠标、键盘输入指令，就可以实现之前无法实施的控制。

数字图像就是通过计算机生成的可视化图像，承载着多种数字媒介赋予的意义，最终形成数字图像语言。这些媒介的转换所呈现出的特质也为我们理解数字图像艺术提供了不同的路径和窗口。每个新技术的产生都会推动新的美学中心和边缘的产生，为我们创造重新审视艺术形式的机会。

在人类历史的长河中，还没有哪个阶段的人们会同现在一样对一项技术（数字技术）如此着迷，万众参与且乐此不疲。人类对数字技术表现的不仅仅是好奇，如今已经演变成对它的依赖。数字带为我们呈现的是一段从真实到虚拟的路。它会通向何方？未来又会如何改变？由此引发了笔者对数字图像艺术的探究。数字图像的主题虽然遍布我们的周遭，看似明显，实则因为过于日常化而时常被忽略。就像我们面对数字图像艺术时还是要采用传统图像艺术的方法一样，而忽视了它本身的特点。所以，笔者决定从数字图像的时间纵轴出发建立其主线，再勾勒出数字图像的存在横轴，如此建立起体系框架。在这个框架形成之后，我们就有了观察、分析数字图像艺术的依据，得出数字图像艺术的建立形式。反观数字图像艺术的形成过程，其实就是一个审美思考的过程，之后对它进行预想，展望数字图像艺术未来的发展。

这是想象力上的探索，也是数字图像艺术思想性上的探索。在此过程中，笔者将针对数字图像展现出来的每个元素进行分析，探究它产生的环境及其生长、变化的意义，并且结合当下的消费主义哲学观和符号化语言体系建构一个“空无”的现实，而这一部分在当下的语境中是很容易被忽视的。笔者希望在迷失中建立逻辑体系，让此种“异变”变得有章可循。

数字技术脱离不了科学，而科学在艺术面前变成了一种手段，手段的更新和演进造成艺术上的转变。所以，数字图像艺术是一种发展、变化中的艺术，表现为一种鲜活的艺术形式。如今的数字图像可能与全虚拟世界仅有一步之遥，一个看似无所不能的、谜一样的未来将就此展现。

在数字图像获得了空前发展的同时，数字技术在各个领域越来越普及，包括我们的传统行业，如数字电视就依靠数字传输的网络平台。电影数字化使电影从拍摄到后期几乎全部由数字完成，其制作的周期与成本也大大降低。数码相机的出现改变了我们以往暗房操作的传统，家中的相簿也变成了云储存。传统的版画也是如此，分版技术已数字化。在数字平台上进行操作同样已是当下复制、印刷的重要方法。

传统其实并未消失，只是很多都带上了数字色彩。之前的物理空间被打破，取而代之的是赛博空间。可以看出，印刷时代转向了图像时代，印刷术、版画、照片、底片、电影、电视等传统媒介无一例外地与数字这一新生事物有关。随着网络的发展，人类已经进入了数字化的世界，数字在技术、时间和成本上都提供了一种超体验。

尼葛洛庞帝《数字化生存》描述了早期的数字科技的出现给人类带来的改变，预见了数字未来。而数字科技无法预见的是，在这个“未来”之中，作为客体的数字已经成为主体。鲍德里亚于20世纪80年代就在《致命的策略》中预见了这种虚拟客体的逆转。

在撰写本书时，笔者从四个方面入手来搜集数字图像中技术、艺术的相关资料和成果。

第一，在知网、万方数据库等资料平台上寻找历年关于数字图像艺术的文章。搜索结果显示，关于数字图像艺术的博士论文并没有，研究数字图像艺术的42篇硕士论文主要集中在数字和绘画方向，还有一些关于数字与传统对比研究的论文。而以“数字图像”和“数字艺术”为关键词进行查找，发现有244篇论文（其中包括之前的42篇）和数百篇期刊文章涉及数字图像，此类数字图像被描述成一种工具，用于具体实现某种操作，或者作为实现手段的组成部分加以分析。笔者以“计算机图像艺术”为关键词进行检索，发现在554篇论文（博士论文56篇）中有一半偏计算机专业应用方面的文章（计算机图像主要针对计算机科学，小部分涉及设计和艺术领域；数字图像则更为宽泛，既有工具之意，又有新型图像之意）。最终以技术美学为检索范围，找到了北京大学出版社出版的肖伟胜博士的专著《视觉文化与图像意识研究》（2011年），此专著从视觉文化的角度而不是单一的图像学角度深入地研究图像世界，迎合了当前兴起的对视觉文化的研究。还有一本中国社会科学出版社出版的钟丽茜博士后的专著《媒介技术与审美文化》（2014年），是关于媒介应用在影视行业的一部总结性专著。更早的谈论技术美学的书籍为1986年辽宁人民出版社出版的涂途的《现代科学

之花 —— 技术美学》，这本书可以说对早期技术在美学上产生的价值做了一次梳理。

笔者也在期刊中寻找到多篇关于技术和艺术审美的文章，其中比较具有代表性的是中国传媒大学高鑫教授在《现代传播》杂志上用两期介绍了关于技术美学的研究情况 ——《技术美学研究》。他主要阐明了关于技术美学构成的三大方向：材质说、工具说及技法说。笔者看来，此项分类具有积极意义，但限于材料的匮乏，显得过于笼统，甚至在具体的数字图像艺术应用分析中也显得有些难以应对，这也都是在探讨数字图像的技术和艺术命题中经常遇到的情况。笔者研究的主要方向和感兴趣的部分为当代视觉分析中关于新媒体艺术所呈现的数字图像艺术，主要涉及对数字图像艺术呈现部分的分析和研究。这是一个相对狭窄的范围，所涉及的研究成果还处在起步阶段。尽管我们已经熟悉了使用数字图像，甚至应用数字图像制作艺术作品，但我们依然会沿用传统审美方式来看待新生的数字图像艺术。建立新的观看方式和研究角度正是笔者撰写此书的直接目的。

第二，在图像分析领域，笔者发现了国外大量关于图像学的学术著作，这里当然要提到关于图像学研究的潘诺夫斯基（Erwin Panofsky）所著的《图像学研究》及贡布里希的《艺术与人文科学》（中译版本为范景中编选的《艺术与人文科学 —— 贡布里希文选》，浙江摄影出版社，1989年）。总的来说，潘诺夫斯基奠定了图像学的研究方法，即从图像志描述、图像志分析再到图像学解释，就是关于图像所涉及的一切都应被纳入图像研究领域，而并非从单一的图像出发[①]。贡布里希则关注图像心理的建设。值得一提的是，《艺术与错觉》是由对贡布里希有过深入研究的范景中教授翻译过来的关于图像学的专著，是较早被引入国内的关于图像学研究的著作之一。还有著名的米歇尔的《图像学 —— 形象、文本、意识形态》，其中涉及关于精神现象的讨论及对应的图像世界。再比如迪

① 潘诺夫斯基著、傅志强译的《视觉艺术的含义》（辽宁人民出版社，1987年）中列出了一张表格，从解释对象出发，引出纠正解释的原则等。

克维斯卡亚（Margaret Dikovitskaya）在《文化转型后的视觉研究》中所做出的视觉文化转型分类第二个方向：作为相对独立的一个新的观察点，它更适合通过数字化、虚拟化等相关视觉技术来进行研究①。

除了在专业图像领域中的专业书籍，国外还有一些关于数字艺术研究介绍类专著，比较流行的就是英国Thames & Hudson出版公司出版的克里斯蒂安娜·保罗（Christiane Paul）所著的《数字艺术》及布鲁斯·温兹（Bruce Wands）所著的《数字时代的艺术》。《数字时代的艺术》部分论述于2005年在《艺术世界》1月号中被编译出来，它出现在胡远行策划，樊艳萍、陆洁和倪惠编写的《技术的终将成为艺术的》之中。它分为三个部分：第一是技术和艺术简史，第二是身体和身份的二元对立，第三是游戏、艺术的两生花。其内容大部分出自克里斯蒂安娜·保罗所著的《数字艺术》2003年版。其中，除了讲历史，还强调了数字艺术的虚拟性特性，颇具意味。他很乐观地指出了“我们所处世界不再是一个单一的世界，未来将是由真实的物理世界与数字文化共同构建的社会。数字化后的虚拟世界，将艺术创作带向超越时间、空间与影像经验的新创作思考领域②”。

第三，“遇见”鲍德里亚。研究这位哲学家是笔者从拜读朋友刘翔（北京师范大学哲学系教师）所翻译的《致命的策略》开始的，笔者被鲍德里亚的哲学打动，并且在研究数字图像时也多次应用到了他的哲学观点和看法。他在《物体系》中所描述的客体对主体关系让笔者着迷。2012年5月18日由著名策展人、艺术评论家费大为先生策划的“消失的技法——让·鲍德里亚的摄影展”在中央美术学院美术馆开幕，笔者有幸欣赏了鲍德里亚以图像为载体所创作的一系列作品，主客体共同作用在图像上，作为“主体”的人却“消失”了。笔者为他在

---

① Margaret Dikovitskaya. Visual Culture：the Study of the Visual after the Cultural Turn[M]. The MIT Press, 2006.

② 引自由胡远行策划，樊艳萍、陆洁、倪惠编译的《技术的终将成为艺术的》；《艺术世界》，2005年1月号，第20页至第33页。

这个时代找到一种对传统的反叛感到惊讶不已。他的作品流露出的那种交融特征也让笔者为之感动，引发了对数字图像和所处的数字时代带来的主客体之间的关系产生浓厚的兴趣。进而研究了一系列关于鲍德里亚的论文集及随笔。恰巧北京师范大学哲学系专门开设了关于后现代哲学的研究课程，笔者也有幸作为创作图像的艺术家来到课堂上参与讨论，其中的超真实概念，虚拟世界、主客体及消费社会的观点让笔者收获很多，进一步奠定了研究数字图像艺术的理论基础。

第四，实地考察当代艺术发生的集中地——美国纽约。在研究生院的资助下，笔者完成了为期六个月的学术访问，联系了纽约大学杰拉尔德·普赖尔（Gerald Pryor）教授。他是纽约大学数字图像与数字摄影专业的负责人，经他推荐，笔者走访了多个艺术机构，比如纽约大学影像实验室、Union Cooper学院、Parsons School for Design设计学院，都是非常有名的培养职业艺术家和设计师的地方；还参观了他们的工作室和展览室，跟踪记录着跟数字有关的一系列创作形式，展开了关于数字图像艺术创作和培养数字艺术人才的院校考察。数字图像艺术与传统艺术的比较分析也是笔者一个重要的研究方向，笔者参观了切尔西画廊街的当代艺术展览，走访了大都会艺术博物馆、现代艺术博物馆、古根海姆博物馆、国际摄影中心、DIA Art Foundation、MOMA PS1、惠特尼美国艺术博物馆、哈莱姆工作室博物馆、新博物馆、电影博物馆、野口博物馆、布鲁克林博物馆、大卫·兹维纳画廊、佩斯画廊等大型艺术博物馆和画廊。其中印象最深刻的就是MOMA PS1、ICP和新博物馆，它们是笔者取得重大研究进展的地方。例如ICP的关于摄影、图像、数字之间关系的展览让笔者开始关注数字图像关于像素分析的部分，而这也是对数字图像艺术的一个重要的诠释过程。除此以外，笔者还参观了2016年在美国迈阿密举办的艺术巴塞尔，被国外艺术家通过各种方式展现所要表达的氛围和情绪感动，受益匪浅。这为笔者回国后深入研究数字图像艺术与传统图像艺术的关系提供了重要参考。

在中国，很多媒介、媒体艺术著作都涉及数字艺术，但它从内容上基本上可以分成三类。第一类是数据类，是描述图像处理、分析和机器视觉的部分。第二类以介绍史实为主，比如黄鸣奋教授、李四达教授撰写、编著的多本关于数字、图形、图像、媒体的书籍，如《数字媒体艺术概论》《数字媒体艺术史》《新媒体与西方数码艺术理论》等。他们会分门别类地把历史资料汇集在一起来讲述数字媒体所经历的过程。第三类是关于数字美学的著作，如廖祥忠教授的《数字艺术论》、贾秀清教授等编著的《重构美学：数字媒体艺术本性》等，其主要支撑点是数字媒体技术，涉及领域广泛，但一些数字图像艺术与技术的“元”命题并没有涉及。同时，关于新媒体艺术与数字关系的研究著作尽管大量存在，但是对应当下数字图像艺术的研究仍是一个缺口。

本书分五个章节探讨数字图像在技术和艺术领域中的关联。第一章对现有阶段数字图像的概念和发展做出梳理，以明确数字图像的研究范围，归纳总结出其技术分类和特有属性。第二章主要在技术中寻找可供审美的部分，细化每一个技术手段及呈现方式对建构和解构真实世界产生的作用，最终通过虚拟世界对真实世界的映射得出数字图像的技术应用对人产生的影响。第三章对数字图像艺术的具体实例进行探讨，集中展现了数字图像艺术的特征。通过对数字化、屏幕及像素承载的技术、艺术内容的分析达到构建数字图像艺术类型的目的。第四章从数字图像艺术的审美角度出发。数字图像艺术有别于传统图像艺术就是通过对数字图像艺术元素进行深入探索，得出它在范畴、开放性及超越性上展现出来的与众不同的特质，进一步研究数字图像艺术对人产生的影响。第五章是研究之后的总结，结合鲍德里亚的“超真实”“真实的消亡”等概念展现出这个时代已经初显端倪的虚拟世界，以及作为工具而存在的数字图像所处环境，最终得出结论。

本书侧重于当下正在发生的图像技术和艺术的变化，对数字图像艺术所带来的形式、转换和作用进行不同的思考。人类对数字图像的依赖会逐渐增强，但人类也会取消本不属于自身的外部显示设备。这种对虚拟的转向会异化我们对现实的想法，观看在我们看来则越来越有虚拟属性。差异化也来自我们所属的两个世界（真实和虚拟），它们之间的对抗和共存使得我们对身体的抽离变得愈加真实。这越来越与大脑中的意象连接并同步，最终成就思想。

第一章　已有的数字图像研究

网络的兴起引发了信息的爆炸，基于屏幕的信息爆炸迎来了一个新的读图时代，而数字图像成为这个读图时代的核心力量。从数字图像发展的时间纵轴上看，计算机和编程语言成为数字图像诞生的基础，由于它具备复制、编辑、传播、虚拟等属性，顺利地对接并进入了印刷、摄影、电影、电视等传统行业。

第一节　数字图像概念与意义

数字图像是二维图像以有限数字数值像素的表示①，它是通过计算机运算得到的。随着信息革命的到来，数字图像几次重要的发展都出现在近50年，且越新近的技术，更新时间越短。这也引起笔者思考数字与图像之间的"元"②关联。

① 维基百科：数字图像词条。

② 元，根据汉语大字典第1卷，不仅有"根源""根本"之义，还有"开始的""第一"之义。王志敏所著《元美学》也提到了"元"有"思考止而又始"的基础含义，此处借鉴了此种说法。

一、数字图像与图像

1.图像与信息

图像①在英语中译为Image，在维基百科词条中指人对视觉感知的物质再现。也可以把图像拆开来解释："图"是物体透射或反射光的分布，是客观存在的；"像"是人的视觉系统接收图后在大脑中形成的印象或认识，是人的感觉；"图像"则是二者的结合。广义上，图像指所有具有视觉效果的画面。在定义中可以看到"再现"②这个词语，其核心有"传递"的意义，传递、复制的程度不同而导致最终的呈现方向、结果不同；而复制又彰显了它具备传播的功能性。数字图像则是在信息、信号中衍生出来的新的图像形式。

而"信息"拥有很多意义，英文中Information和Message多指信息、启示③等，这些词也涵盖了从电子图像到数字图像发生变化的一系列过程。1889年，世界上出现了第一台自动电话交换机。1895年，马可尼和波波夫发明了无线电报，1906年，李·德弗雷斯特发明了电子放大管和三极管，奠定了广播和电视的基础④。第一张数字图像是在1920年由巴特尔电缆（Bartlane）图像传输系统制作的。英国发明家马塞洛缪（Harry G Bartholomew）和麦克法兰（Maynard D McFarlane）开发了此种方法。通过先编译数字图像数据，之后由巴特尔电缆图像传输系统在其发射器和接收器端产生一个打孔的数据卡或磁带，从而实现远距离传输，再重新读取还原图像的过程。它是一个可供传播的图像转换系统⑤。20

---

① 维基百科：图像词条。

② 维基百科：再现指已经掌握的知识能回想起来，已学会的动作能再次实现，以及已经历的情感能再次体验的过程。

③ 摘自剑桥英语词典Message Noun (INFORM–ATION) [C]。

④ 李四达.数字媒体艺术史[M].北京：清华大学出版社，2008.

⑤ 引自维基百科Bartlane Cable Picture Transmission System。

世纪70年代，分形理论及计算机在图像领域中的发展取得重大进步。时至今日，数字图像已经无所不在，它涵盖了计算机工业、通信产业、文化产业及大众传媒的各个领域，形成一个庞大的数字世界。

数字图像从出现的那一天起就是带着复制和传播使命的。在信息技术发展过程中，承载数字图像的软硬件作为一种媒介成了数字图像的载体。第一个数字图像就是经过扫描的电报文件。可以看出早期的数字图像主要功能是复制和传播，而通过扫描所得的图像必然在储存和编译上有着巨大的优势。随着互联网的发展，数字图像展现出了一种互动的新面貌。如今科技的发展已经帮助人们构建了多渠道，人们可以更方便的方式获取数字图像，这些方式也越来越普及到生活的各个方面，变得更加简单且易操作。更繁多、更便宜、更易用的数字产品相继出现，扩大了我们记录、探索世界的维度，帮助我们创造出更庞大的数字图像世界，并且使更多的人参与制造和分享数字图像。而互联网技术的升级和优化使得网络图像得以普及，它带来了信息的互相流动，信息传递更高效，我们由此进入了信息化时代。如今，人们可以在不同的时空中分享来自世界各地的数字图像，并且参与其中开放交流。分享数字图像项目的网站也应运而生，比如国外的Instagram、Flickr，还有国内的微博、微信、豆瓣网站，等等。

2.复制与传播中的图像演进

早期印刷术通过特有的复制技术实现高效传播，从根本上是有别于传统绘画的。传统绘画通过一种单数作品对复数观众的方式传递，印刷术则体现为复数作品或印刷品对复数观众的传播过程。而可复制的有强烈的传播功能和目的的图像才是本书的重心，这些图像都分别对应一种可再现传播和可复制的技术。

摄影是人们用来记录、再现的非常有效的方式，并且在此类图像的研究领域中更加强调时间、位置等信息因素。在孤版时代，摄影术被看作一种实用技术，并非一门艺术①。经过漫长的发展，它才变成一项很重要的艺术传播手段。至此，在某种程度上，之前的绘画史就被描述成了替代摄影的记录真实世界功能的一种形式②。摄影艺术的出现无疑剧烈地冲击了传统记录性的绘画作品。但更重要的是，再现与连续印制的综合功能使得摄影术也可以被归为可以进行复制及传播的那一类。电影则在取得摄影单帧再现的基础上又引入了时间的元素。连贯的画面组接成活动图像，再通过每段移动影像的剪辑而形成电影画面。所以，电影也属于可复制的类型。

在信息术中所呈现的画面就是本书指出的数字图像③。数字图像本身就具有复制、传播的特性，它体现为计算机编程所得图像的展现形式，伴随着科技的发展而不断演变。早期的数字图像只由几千个像素点组成；而如今的数字图像发展成为由上亿像素组成的巨幅图像，数字图像在各领域应用的广泛性也是之前媒介所无法替代的。这些都展示出数字图像发展的无限可能性。

在各自的定义中，我们不难发现，在时空的维度上，它们是有递进关系的。这也正体现了信息时代的图像演变成现阶段数字图像的整个过程，每一次演进都是依靠科技上所取得的进步而获得的。并且在此种顺序中，可以看出图像的再现

---

① 作为艺术的一个分支，摄影在开始时饱受争议："从绘画到摄影并不是一个很大的跳跃和进步。在一开始，甚至是一种倒退：在摄影术发明的当初，图像模糊不清，人物表情呆板，因为它需要曝光半个小时，甚至几个小时才能完成，它还是黑白的。摄影的材料比较昂贵，照片被做得很小，根本无法与我们今天在卢浮宫看到的那些19世纪绘画巨匠的作品相提并论，德拉克洛瓦和波德莱尔都指责它缺乏想象力，无法用它来复述历史，启迪人们的智慧，更不用说来描绘我们的梦幻。摄影是在19世纪发明的，但我们想起19世纪的时候，闪过眼前的不是那些发黄的照片，却依然是从库尔贝直到印象派画家们笔下的景物。这时期的摄影一直以模仿绘画为能事，如'画意摄影'的美学取向、构图，以及人物姿态都直接源自绘画，摄影家大都是画不好画，才去拍照片的，说他们的照片拍得像画一样好，那简直是极大的恭维"。缪晓春.摄影的力量：摄影作为艺术创作的媒介[J].现代艺术，2002（2）.

② 维基百科绘画词条："摄影的发明对绘画有很大的冲击，第一张照片在1829年问世，在数十年后，摄影技术持续改进且广为使用，因此绘画原来用来记录真实世界的功能也受到挑战。19世纪末和20世纪初的一连串艺术活动，包括印象派、后印象派、野兽派、表现主义、立体主义及达达主义，挑战文艺复兴时期对于艺术的观点。不过东方艺术及非洲艺术仍维持以往的风格，未受到摄影的影响"。

③ 维基百科：信号（信息论）一些信号的例子，第四项画面。

能力在递进式增强。在印刷时代，我们始于黑白，再过渡到有简单层次的灰色和彩色；摄影术从一开始对细腻光线的捕捉就已经优于简单的印刷术；而数字技术中图像信息具有可以对等复制的功能，它已经使再现和传播都达到了全新的高度。

从印刷术的机械运作到摄影术的化学变化，从单张的摄影图片到后来的大范围的连播图片——电影画面，从电子模拟信号的电视图像到通过运算的计算机图像，其变化的硬件都来源于工业文明和后工业文明①的发展。而在知识时代②，几次重要的发展、变化都发生在近几十年，且越新近的技术，更新时间也越短。在信息文明时期，最重要的因素不是体力劳动，而是信息。网络的兴起引发了信息的爆炸，基于屏幕的信息爆炸迎来了一个崭新的读图时代，数字图像则成为这个读图时代的核心力量。

二、数字图像中的图像、图形、图片与影像

数字图像表现为二维图像的数字化（通常是二进制）。根据图像分辨率是否定值，它可以是矢量或光栅类型。数字成像或数字图像获取则表现为一整套的关于数字图像生成、获取、传输，以及付之于打印、展示等一系列过程。由此，数字图像大致可以分为三类。第一类：可以通过各种输入技术和设备，例如数码相机、扫描仪、数字生成设备、测量设备等创建；第二类：可以从数据（例如数学函数或三维几何模型）中生成，它属于计算机图形学的主要研究部分；第三类是

① 后工业文明：由20世纪60年代的工业社会转型产生的社会现象。出自Daniel Bell（The Coming of Post-industrial Society）1973。特征：产品生产转变为服务生产，职业由专业、技术人员主导，理论知识居于中心地位，技术评估及智能技术具有重要性，管理由人与自然转变为人与人，信息、时间、资源的供应不足，信息等于公共物品。

② 起步期：1971—1994年第一次信息革命，个人电脑开始普及；发展期：1994年10月—1996年5月第二次信息革命，网络空间（赛博空间）、互联网出现并普及；成熟期：1996年6月至今，生物科技和选殖、新型运载工具、人工智能和智能制造出现并发展。

在数字图像处理领域对其变化的算法研究。在复杂的数字图像分类中又包含很多易于混淆的名称，如以下几种：

1.数字图像

图像包含范围广泛，可以从语义学上进行解释；涉及的文件类型则具有数字属性。图像文件指使用数字设备采集或制作的画面，我们可以通过计算机之外的设备获取数字图像，如用扫描仪扫描各种图像、用数码相机拍摄照片等。纸质文件、缩微胶片均可经过扫描转换成数字图像文件。图像文件的分辨率与存储空间成正比，不同格式的图像文件不能被任意交换使用。彩色图像文件的内容一般是用表示图像像素的代码形式存储的，能否正确复现原色彩还与显示器的性能有关。光栅图像具有有限的数字值集合，称为“图像元素”或“像素”。数字图像包含固定数量的行和列的像素。像素是图像中最小的单个元素，保存代表任何特定点处给定颜色的亮度的过时值。

此种形式的文件或者说数字图像是我们重点讨论的部分，笔者也把它当作数字图像与日常生活的观看形式的一种对接或者转换形式。

2.数字图形

图形文件指根据一定算法绘制的图表、曲线图，包括几何图形和把应力、强度等物理量用图标表示的图形等。计算机辅助设计（CAD）或绘图中产生的文件，如设计模型、图纸、图画等即为图形文件。图形由代表绘图坐标的矢量和一些参数组成，可以使用特殊的代码格式存储，也可以使用纯文本文件的代码存储，以便在不同的软件包之间进行信息交换。此种形式常作为数字图像的生成特征在编程中出现，也是可以进行艺术创作的特殊形式。它也可以作为数字图像的重要组成部分存在。

以上两种形式均需要显示器来显示，所以，尽管以不同方式存储，但我们会通过显示器来体验此种数字的图像。

3. 数字图片

图片文件包括照片、图片、图画、影片、画像等，它可以作为一种总称来代替图像所涵盖的包括物理性质和电子属性的图像概念。在电影行业中就有Moving Picture这样的专业术语来概括关于影片图片的概念，本书中则涉及一些数字图像在真实世界和虚拟世界中转换时的图片的概念，这也是在进行考察时需要面对的分类问题之一。

除此之外还有一些其他概念，比如 Moving Image —— 可移动图形图像。在为本书的写作收集素材时，笔者特意拜访了纽约昆斯区的电影博物馆。此博物馆是传统影像和现代影像集中展示的空间，其中有一部分作品就是结合计算机生成图像文件创作的试验性动画。

在笔者看来，英语中的Image更加倾向于由数字形式制作、加工完成的图像，传统的图像更多以Picture这样的概念来描述，在汉语中则表述为图像与图片的区别。而在维基百科中可以看出作为数字图像的最小单位像素Pixel为Picture的改写，Element则取其前两个字母E、L构成“元素”之义。可以看出，在英语中，图片隐藏在数字图像的构成形式之中。

4. 图像与影像

图像是一种视觉符号。经过专业设计的图像可以发展成人与人沟通的视觉语言，也可以是了解族群文化和历史源流的史料。世界美术史上大量的平面绘画、立体雕塑与建筑，也可视为人类由古至今文明发展的图像文化资产。①

人类由自身视觉所感知的内容都应该是图像的一部分。图像还需要物质转化，体现为一个由所看见的物象形成的视觉存在又进一步再现成一种客观存在的

---

① 维基百科：图像词条。

过程。由此就形成了“图像”的概念——人对视觉感知的物质再现。图像可以由光学设备获取，如照相机、镜子、望远镜、显微镜等；也可以人为创作，如手工绘画。图像可以被记录、保存在纸质媒介、胶片等对光信号敏感的介质上。随着数字采集技术和信号处理理论的发展，越来越多的图像被以数字形式存储。因而，在有些情况下，“图像”一词实际上指数字图像。

而影像几乎完全沿用了图像的概念，这样，我们在分类时就会产生模糊不清的概念。在维基百科上并不能查到关于影像的中文注释，在百度百科中关于影像和图像的解释中，它们已经被归为一类：“影像又称图像，指非摄影成像传感器成像方式，其本质是摄影相片的外延。相片通常指光学摄影成像并被记录在感光胶片上，体现为被动式遥感成像。影像则可通过光学—机械、光学—电子或天线扫描、接收来自地物的可见光，红外、热红外和微波信息，记录在磁带上或通过电光转换记录在感光胶片上。与相片相比，它在内容和形式上范围更广。用‘影像’来包括（而不是取代）‘相片’，是航空摄影侦察发展成为遥感，摄影术（Photography）发展成为成像术（Imagery）的结果。”①

在中文中，“影”字本身分离出“影像”的含义，“影”的“光影”含义则与图像类似，它们都以光为主要表现源头，并且在表现形式上也都类似。另一含义是连续的图像展示系统，例如影像、电影、影片等，都有序列性的关系。如果单就影像来说，它应该指关于图像序列关系的图像综合。所以，影像是图像的另一种表述方式，有时它所代表的是关于影像序列关系的统称。结论是在一般情况下，影像类似图像，但有一部分图像序列的专称为“影像”。在图像语言的构成形式上，影像是动态画面而非静态画面。

① 百度百科：影像词条。

三、数字图像融入传统行业

数字图像获得了空前发展的同时，数字技术则被应用到各种领域，包括传统行业。主要体现在三个方面：一是电视数字化。数字电视的出现依托数字传输的网络平台。二是电影数字化。电影业从拍摄到后期几乎全部由数字完成，其制作的周期缩短，成本也大幅度降低。三是照片数字化。数码相机的出现改变了我们以往冲洗照片的传统，家中的相簿也换成了网络云储存。如今我们可以每时每刻都处在拍摄当中，通过镜头来看这个世界。传统的版画也是如此，体现着分版技术数字化。在数字平台上进行操作是当下复制品、印刷品产生的主要方式。传统其实并未消失，只是都带上了数字色彩。物理空间被打破，取而代之的是赛博空间。可以看出，印刷时代转向了图像时代，版画、照片、底片、电影、电视等传统媒介都与数字这一新生事物有关。随着网络的发展，人类已经进入了数字化的世界，数字在技术、时间和成本上都呈现出前所未有的超体验。

传统行业已经没有什么不为数字所包含，传统艺术领域也受到了来自数字图像领域的冲击。在2016年对纽约的四个月调研中，笔者发现切尔西画廊区中大约五分之二的场地都在展出与数字相关的艺术作品，甚至在传统绘画领域中会直接引用带有数字图像特征的内容，再用绘画的形式进行表达。在摄影行业中，这种情况就更加普遍。从1826年尼尔普斯拍摄了第一张图片至今，传统的拍摄模式已经发生了非常大的改变。因为有了数字存储空间，我们不再执着于拍摄的时刻，而是随时进行拍摄。交互性也是数字图像具备的特质之一。这已经不能用简单的摄影概念囊括，我们已经开始感受到各种传统概念的界限被打破之后带给整个世界的广阔视野。

医学界观察人体内部器官时所采用的断层摄影设备[①]就通过对数字图像进行计算而生成模拟人体内部世界，挽救了无数人的生命。通过一系列大数据来完成恶劣天气的模拟演变的功能也是之前的图像类型所不具备的。它涉及数据可视化的部分（数据分析、量化及可视化）。作为可用来分析的图像，有一部分必须是绝对准确的。例如，在刑事犯罪中可用来鉴定的数字照片不仅可以用作分析数字图像，还可以用作分析、鉴定被修改过的图片是如何被操作的。它可以得到某一部分的像素比率与相片基准比率不一致的一些数据，以确认修改的部分而加以鉴定[②]。执法机构和医疗鉴定中心都在普遍运用这些技巧，甚至传统的文字行业也发生了巨大的变化，打字机已经被淘汰，如今人们普遍使用键盘。全部的文字内容编辑也完全在电脑平台上完成，所展示的画面皆呈现出数字图像特征。除了操作方式，传统的书籍也在被大量数字化。谷歌数字化图书馆已经通过扫描的方式把书籍储存，以供阅览。如今人们在生活中离不开的手机正是数据化终端一种很好的表现形式，它成为我们一个很好的数字生活交互平台，我们也自然而然地参与了不断被创作、制作、观看的数字图像的过程。

数字世界的虚拟化覆盖程度已经开始使人们忽视其本身对物理环境的改变。可以说数字化的来临带给我们一种全新的视角去看待我们身边的事物，也给我们创造一个机会去审视我们所处的过去与新时代的差异。

① 维基百科关于X射线计算机断层成像。X射线断层面的数据由X射线射源绕物体一圈得来，感应器被放置于射源的对角位置，随着物体被慢慢地推入内侧端，数据也不断被处理，经由一系列的数字运算，也就是所谓的“断层面重建”来得到影像。

② 冯永平，满勤.数码照片中摄影物距推算与摄影现场重建[J].中国司法鉴定，2016（3）.

第二节　从数字图形到数字图像的转换

计算机图像包含三个方向的内容：Computer Graphics（CG）、Computer Vision（CV）、Digital Image Processing（DIP）（如表1所示，第二种是人工智能方向Artifical Intelligence–AI）。这三种关于计算机图像的部分都会涉及输入、输出的问题。从强调Image的角度，我们可以看到：CG语言部分体现为计算机图像形成早期关于数字图像的一些基本审美特征；CV语言展现一种计算机视角，它表现为一种从计算机的角度“看”世界的方式；DIP关于数字图像的发展，是我们所论述的数字图像审美的主要部分。此节也涉及相关的计算机基础知识，使我们从技术层面的角度感受其发展和变化。

表1　数据或者图像被输入电脑之后不同的发展方向，构成计算机与图像的关系

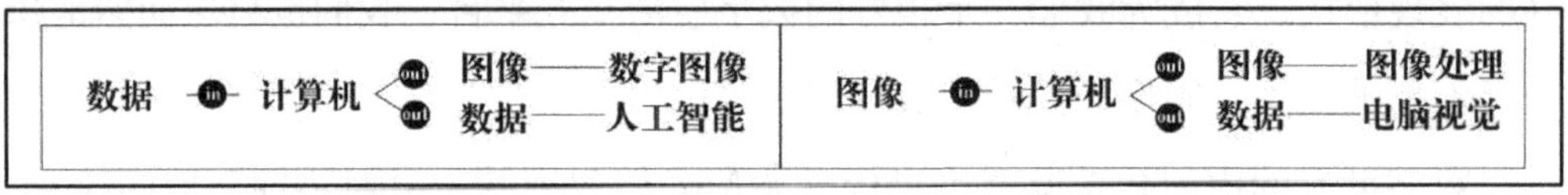

一、数字图形的诞生

这是数字图像的原始时期的表现。计算机通过编码和电子干预的方式来获得数字图形（图像）。其形象大多表现为初级的点、线、面等抽象语言，如现在人们在编程语言上所做的尝试，它通过简单的原始语言、可视化科学中的相关内容变得明白、易懂，更便于进一步讨论和操作，但审美形式还停留在原始阶段，这个过程完全可以唤起我们对计算机基础语言的众多原始想象。

“计算机图像”一词是由威廉·菲特于1960年提出的①，其可能性的实现则通过伊凡·萨瑟兰的Sketchpad由麻省理工学院林肯实验室的TX–2计算机完成。SAGE②就体现了图像在计算机上生成的效果。通过电子脉冲的定时和电子枪的位置判断绘制光标。此后，科学家们便开始通过计算机技术来制作各种预演动画。1963年，贝尔电话实验室的科学家爱德华·E.萨迦克（Edward E Zajac）利用这种计算机成像技术创作了一部名为“双旋翼重力姿态控制系统仿真模拟”的视频。同在贝尔电话实验室，肯·诺尔顿（Ken Knowlton）、弗兰克·辛顿（Frank Sindon）和迈克尔·诺尔（Michael Noll）开始在计算机图形领域工作。辛顿创作了一部名为“力量、质量与运动（Force，Mass and Motion）”的视频，以说明运作中的牛顿定律活动。

大约同时，其他科学家也开始创作计算机图形来说明他们的研究。在劳伦斯发射实验室（Lawrence Radiation Laboratory），尼尔森·马克思创作了视频《黏稠液体的流动（Flow of A Viscous Fluid）》和《振动波在固体形式中的传播（Propagation of Shock Waves in A Solid Form）》，波音飞机的程序员创作了名为“航空器的振动（Vibration of An Aircraft）”的视频。

在这里还要提到游戏机“Spacewar！”，这是世界上最早的电子游戏机③。我们可以从中看到数字图像的雏形，这些抽象图形给我们留下了关于人类视觉对电子计算机图像的第一次体验，这种体验就像从洞穴中走出的人类反观留下的痕迹：这里也可以看到数字图像的基本特征——抽象的点、线、面，在一个发光的盒子中更亮的一束光。

---

① Wayne Carlson. A Critical History of Computer Graphics and Animation[J]. The Ohion State University, 2003.

② 半自动地面防控系统（Semi–automatic Ground Environment，简称SAGE）是由北美防空司令部自1950后期至1980年使用的一套自动化追踪、拦截敌军飞行器，尤其是轰炸机的指挥系统。在后期版本中，系统可以自动通过指挥机载自动驾驶仪引导飞机执行拦截任务。来自维基百科。

③ 维基百科：计算机图形词条。

数字图像最早从程序语言中诞生。由于其进程紧跟科技发展，以及其特殊的视觉效果和极高的辨识度，数字图像将迅速扩展到各个行业和领域，艺术领域也不例外。

二、数字图像的多重形式

数字图像的原始时期很快就被颠覆性的联网时代取代。游戏界面也从图形到二维像素小人，再过渡到三维粗模及贴图所呈现出来的复合效果。由于互动性的增强，一个新兴群落占据了数字图像世界。很多在计算机图形研究中最重要的突破发生在20世纪70年代的犹他州立大学，始于一位名叫埃德温·卡特穆尔（Edwin Catmull）的学生。1970年，他签入萨瑟兰的计算机图形班。虽然在迪士尼长大并热衷于动画，但他很快发现自己没有绘画方面的天分。在图形班里他发现计算机图形将成为动画的一种发展趋势，并最终成为此次变革中的引领者。卡特穆尔制作的第一个动画是他自己的手，他创作了他的手部的开合动画。由此，使用计算机图像制作一部达到正片长度的电影成为他之后的目标。在同一班里，弗雷德·帕克（Fred Parke）创作了他妻子脸部的动画。

犹他州立大学因为埃文斯和萨瑟兰教授的存在成为计算机图形研究颇负盛名的地方。这个图形实验室吸引来自各地的人，约翰·沃诺克（John Warnock）是早期的开拓者之一，他之后成立了Adobe Systems，并使用他的页面描述语言Post Script在出版界创造了一场革命。汤姆·斯托克曼（Tom Stockham）领导犹他州立大学与计算机图形实验室工作最密切的图像运算组。吉姆·克拉克（Jim Clark）成立了Silicon Graphics，Inc[①]。

这一时期出现了视觉模拟的征兆，人们开始通过计算机语言来实现亲历的过程。数字图像研究成为计算机语言研究的一部分。

---

① 维基百科：Silicon Graphics。

20世纪80年代，个人计算机开始出现在艺术家和图形设计师的眼前，特别是Commodore Amiga和Macintosh。它们作为最严谨的设计工具，除了可以节省时间，还能比其他方式更精准地进行绘画。20世纪80年代中期，皮克斯使用SGI计算机创作了第一部完全用计算机生成的短片。Macintosh在图形设计工作室和商业之间成为最受欢迎的计算机图形工具。自20世纪80年代以来，计算机更多以图形用户界面的符号、图标和图片显示数据和信息，而不是使用文本或代码。图形已经成为多媒体技术的五个关键要素之一[①]。而数字图像通过各种形式的拟真效果造成了人类对数字或者模拟方式的更多依赖。如今，艺术家已经可以从素材库中获得所需内容，用更新的模拟方式来创造图像。我们对数字图像的塑造还在不断地提升，以期最终形成一个完整的拟真的数字世界。

如今，我们再也不怀疑数字图像包容、整合的力量，当下人们就经历着数字图像发展的全球化。不难回忆，在数字图像初期，可视界面简单，网络语言有局限性，使用人群年轻化。而如今，人类已经无法摆脱对数字的依赖，并且还将不断沉迷于日趋完美的数字图像所带来的视觉诱惑中。此种情景也来自数字图像所包含的多重属性，此时我们用数字图像来替代数字图形及以往的各种数字呈现形式，以期形成更加丰富、异常的数字视觉世界。这种狂欢使我们几乎忘记了反思，图像所呈现的永远是表象，但结果已经指向数字化世界为人类发展开辟的另一种通道。鲍德里亚早在20世纪80年代《致命的策略》中就预见了这种客体的逆转。在主体创造和被创造之物异化的过程中，从来没有任何一次视觉革命来得像数字图像一样彻底而全球化。世界被全部展平在虚拟世界中，而在这之中，新的世界秩序正在酝酿。

① 维基百科：计算机图形词条。

第三节 数字图像基于技术的独特属性

在科学技术发展的今天，数字图像以不同形式存在于人们周围。它们不仅可以展现出人类在现阶段发展进程中的不同侧面，其本身的多种类型及分类也使我们不断累积对数字图像的内部构成和美学的了解。

一、数字图像的分类

每个图像的像素通常对应二维空间中一个特定的位置，并且由一个或者多个与这个点相关的采样值组成数值。根据常见采样数目及特性，不同的数字图像可被划分为：

1. 二值图像（Binary Image）

这是一种每个像素的亮度值（Intensity）仅可以取自0或1的图像。众多像素点组成了我们看到的黑白点之间的分布图，也是比特图（Bit是Binary Digit二进制数位的缩写①）。比特图呈现出强烈的黑白对比效果，这是一种数字图像的特殊形式，它呈现出一种数字处理图像的初级能力。但它也高效地被计算机读取识别（例如二维码）。

2. 灰度图像（Gray Image）

也称“灰阶图像”，图像中每个像素可以由0（黑）到255（白）的亮度值（Intensity）表示。0–255用来呈现不同的灰度级，在视觉上产生的效果也比较细腻、清楚，但加入了中性灰度以后，图像的对比效果减弱。可以类比早期的黑

① C E SHANNON. A Mathematical Theory of Communication Reprinted with Corrections[J]. The Bell System Technical Journa, 1948 (7,12).

白摄影图片。但在实现的方式上它们有所不同，而且所得到的图像细节也不尽相同。

3. 彩色图像（Color Image）

彩色图像主要分为两种类型：RGB和CMYK。其中，RGB的彩色图像由红色、绿色、蓝色三种不同颜色成分组合而成。这种类型的图像多用于显示器呈现图像。CMYK类型的图像则由青C、品红M、黄Y、黑K四种颜色成分组成。CMYK类型的图像主要用于印刷行业，它主要表现为还原真实世界的一种方式，是现实呈现类的数字图像。

4. 多光谱图像（Multi-spectral Image）

多光谱图像是由多个波段对同一目标进行反复拍摄而得到的图像，由于目标中的各个物体对同一波段的敏感性不一样，多光谱图像中的每幅图像之间也有一定的不同之处[①]，不仅有多光谱图像，还有更多的图像类型，拓展了数字图像的成像形式，丰富了我们的视觉内容。

5. 立体图像（Stereoscopic Image）

立体图像是同一物体由不同角度拍摄的一对图像的综合，通常情况下，我们可以用立体像计算出图像的深度信息。一种通常由计算机制作完成的单幅立体图 Autostereograms 体现为观察者通过将目光聚焦到图的后方（远处）或前方（近处），可以从中观察到立体影像。改变目光聚焦位置的目的在于让立体图像相邻的两个重复图案看起来恰好重叠，并利用重叠图案之间的差异来产生立体感。还有一些立体图像，如Anaglyph Images、Random Dot Stereograms、SIRDS（Single

---

① 维基百科：多光谱图像词条。

Image Random Dot Stereogram）等[①]，它们模拟了双目的视觉差异。

6. 三维图像（3D Image/Graphics）

三维图像由一组堆栈的二维图像组成，每一幅图像表示该物体的一个横截面。它也用于表示在一个三维空间分布点的数据，例如计算机断层扫描设备生成的图像，在这种情况下，每个数据都称作一个体素[②]，拓展了数字图像的虚拟空间内容而形成立体的虚拟世界。其造型也有固有特征，虽以模仿真实物像、立体感觉为主，但因其3D性质，也体现出了数字特征。

7. 深度图像（Depth Image）

深度图像是计算机视觉中研究图像深度信息的重要课题，也是近些年来研究比较广泛的课题。而我们现阶段所熟知的Kinect[③]就是基于深度图像信息发展而来的，它由激光发射器、不均匀介质、CMOS感光元件组成，根据所选取的参考图像与光源间的标定关系，通过几何变换，计算得出物体到光源的距离，构建3D图像[④]。这也是近期数字图像研究中的高级感知部分。

综上所述，由于选取了特定方法，图像信息的复杂程度从低阶到高阶不等。这也使得图像的丰富程度与细腻程度呈现出巨大差异，图像所形成的样式也有所不同。虽然如今的图像分类已经发展到非常丰富的阶段，但我们仍然在探索视觉上各种极限的可能性，并相信还存在更高质量和更大维度的发展空间。

---

① 维基百科：立体图词条。

② 维基百科：数字图像词条。

③ Kinect是由微软开发，应用于Xbox 360和Xbox One主机周边的辅助设备。

④ 维基专利：Javier Garcia，Zeev Zalevsky, Range Mapping Using Speckle Decorrelation, Prime Sense Ltd., US 7433024 B2。

二、数字图像的属性

人开发、学习计算机图像语言与计算机学习人的图像语言是交互进行的，在此我们更强调人对计算机图像语言的研究。在计算机语言中，数字图像的属性可以基于其技术上的图像输出和数据输入两个部分进行分析。在这里，我们总结出几种数字图像所具备的属性。这些属性互相依存、转化，形成数字图像的生态环境。首先是复制性，它是一种以再现为基础，并且可以通过数字手段迅速进行相同图像样本无限拷贝的数字特性。其次是可编辑性，它基于计算机数据可被编译的特性，而使得图像修改成为可能。再次是基于复制和可编辑的传播属性而产生的双重特征，快速而虚拟，其传播的快速已经覆盖全球和全行业。对于这种与物理世界对立的虚拟世界，虚拟性本身就承载了模拟真实世界和想象力创造两种类型的功能，并且使人类整体更轻捷地进入了更多关于可能性的探讨和建设中。

1.复制

复制性作为人类的一种原始推进力，几乎贯串了整个人类发展史。而随着数字世界的到来，这种复制性已被推至极致。人类正在进入一个可以轻松“复制 — 粘贴 — 发送”，并被“异化”的时代，在如今这场数字图像革命中起到重要作用。从哲学层面上而言，数字图像的这种自我复制的机制给了重复性一个可以成立的理由。在众多的统一中，则产生新的分裂的可能性。这是数字图像的复制属性中值得探讨的一种异化现象。另外，复制性不仅是可以被人为操作的，也有数据自动生成的复制现象，比如相机在生成全景图像的时候就会产生一种由数字计算的自我生成艺术。笔者在创作《自由泳》时，所采用的创作方式就是把组建数字图像主动权的一部分交给相机进行操作。在这个过程中，相机对采集到的大量图像信息进行数据计算而自动生成一种具有数据逻辑的图像复制叠合，并将这些图像压缩在同一时空的定格画面中。（见图1）

图1　笔者作品《自由泳》中呈现出的复制、生成图像特征

2. 编辑

数字图像都是由数据组成的。从数据来讲，数字图像的发展就是由不同算法的演进来实现的，其可编辑性也在不断优化，变得越来越容易被普通人操作。现阶段我们正处在一个过渡时期，这一时期的数字图像正处在一种被编辑的热潮中，由此造成了人们对所有在流通的数字图像的不信任。但这只是暂时的，这种不安正在被不断重复、强化的新的日常习惯取代。最终人类会习惯于依赖数字进行判断，人类的发展方向将因为数字而再一次发生转变。从前人类追求意义，现在则追求数据；从前的意识形态竞争也已经变成大数据的竞争。数字之名也造成我们对不确定事物的一种肯定，这也体现着存在的选择性达到的新层面。在可以进行修改的界面之中，我们将创造一种新的循环。

3. 传播

只有数字时代的视觉形式是自下而上演进的。复制的便捷带来了传播的极速，这个过程甚至造成了权力机器与大众生活的部分分离。

数字之所以可以承载如此多的内容，正是因为它本身所处维度就具备畅通的传播性。我们已经在数字世界里创造一条与真实世界并行的传播轨道，并且在真实世界中所讨论的部分内容并不需要直接在虚拟世界被面对。或者说虚拟世界的出现在某种程度上化解了真实世界的很多问题。

4. 虚拟

技术上以再现真实和创造虚拟为目标的数字图像，正不断地向更具有视觉细节和可信度的方向发展。数字图像是非触摸式的，是可被观看的模拟的世界，而非实体性的。数字图像本身是被建构在一个计算机环境下的虚构世界，是软硬件结合的一种呈现结果。它依靠真实世界的范本充实自身的数据库，并进一步在极大限度上补充了我们在真实世界中无法达到的视觉感受和心理体验。一旦将来技术达到了可以取消屏幕等图像承载体的地步，一部分真实世界的视觉经验必将被取缔，而另一部分真实世界可能与虚拟的视觉经验嫁接而形成一种真实与虚拟并行的结构。到那时，真实与虚拟不再存在某种对立的属性，数字与物质将同时分占并共同经营一个超级世界。

第二章　数字图像中技术的应用及审美

数字图像是需要通过计算机及软件程序计算、编译处理，并最终呈现在屏幕上的图像，数字图像在现实环境中有特有的一套生存体系。在本章中，我们可以看到数字图像的存储环境、传播环境及显示环境。科技的发展、系统的更替、硬件的升级，以及能满足不同数字图像处理需求的软件的更新，都不同程度地带来了数字图像的新变化。此外，网络平台为数字图像带来了更广阔的生存环境。数字图像诞生于数字处理器之内，显示于屏幕之上，活跃于网络世界之间，融合于当下的现实环境之中。

第一节　承载设备的决定性作用

一、采样技术对真实世界的解构

采样设备分为两种类型：第一种类型是数字图像的拍摄设备，比如数码相机、全景照相机等；第二种类型是数字图像的扫描设备，比如平面扫描仪、三维扫描仪等。

1.拍摄

数字图像的获取设备是随着科学技术的进步而不断更新换代的，这里的采样设备主要指数码相机。首先是微处理器的发展，之前所采用的芯片都是大型的真空晶体管，体积十分庞大。伴随着集成处理器的发展，诞生了微型处理器，它体积虽小，但可以进行大量的程序设计运算。数字图像的捕获设备进一步变成了现在广泛使用的电荷耦合器，它获取图像是通过不同的三原色片基吸收光线的程度不同来进行的。它能够通过计算模拟出非常逼真的视觉效果，再发展到近期的沉浸式捕获设备中，准许我们进一步获取更立体化、更全面的周围图像信息，形成全数字的模拟界面。这在“Google街景”程序软件中已经被广泛应用。可以说，数码相机带来的是一种人对数字图像的“主动”获取模式；这种“主动”形式构成了我们对现实世界的强烈的介入方式。人们在获取数字图像的过程中，也在构建数字虚拟世界的基本面貌。

数字拍摄设备在可操作性上和可编辑内容上也在不断地更新、改进。从深入更细小的微观世界到穿越太空去探索广袤的宇宙世界，数字图像都作为这些领域重要的信息载体，供人们科学分析和艺术欣赏。它也以一种更加便利的方式为生活层面获取不同的数字图像内容。我们按照图像类型和使用方式把数字图像分成各个类型级别，以供不同欣赏者或拥有者以不同目的去感受数字图像的魅力。

现阶段，数字图像构成的世界相对于整个真实世界，依然处于片段状态。哪怕它是以全景模式进行拍摄的图片，也不能组成一个完整的“镜像世界”，它所构成的仍是一个局部世界。从更实用的角度来讲，它就是在处理完整世界中的各种片段信息，体现为一种解构。比如，有人就曾经在“苹果店”里进行测试，把顾客所拍的试机样片模拟组合成一个“苹果店”的环境。这种数字图像拼合成的环境在空间和距离感上都变得十分有趣，描绘出了一个扭曲、错位、变形的数字图像世界。人们也试图努力通过这种方式进行拼凑、磨合处理，期待构成一个完整的世界，但并不成功。即使在同一空间，所处的观察角度和位置不同，甚至是景深和焦点不同，也会形成一种断层现象。这也是数字图像所展现出来的一种特征。大量低廉的获取设备，以及简单、易用的操作形式使大众广泛参与到这种片段世界的构成领域当中，让片段化的构建变成了可能。在技术领域则需要不断推出更加快速地捕捉数字图像，及以更大的储存空间去存储数字图像的技术。

特有的数字图像世界正在展现出来，我们也从这些获取的图像中得到对片段世界的不同认识。这就像利奥塔在《后现代状态》中描绘的合理、有序的世界就是由这些片段化内容构成的，庞大的、完整的叙事关系已经不复存在。

这也正是鲍德里亚所宣称的让我们生活在超真实的影像世界中的现状。这里所谓的“超真实”并非超级真实，而是超越真实而形成的新的世界形态。我们从各种拍摄获取设备中获得了世界的数字图像的各个片段，从而形成一个广袤的数字图像幻象世界，而这个幻象世界已经成为人们现实生活的一部分。

2. 扫描

扫描技术衍生了数码相机设计，但与数码相机相对开放的应用环境不同，扫描设备则只能在一种相对封闭的环境下进行数字图像获取。就现阶段发展状况来看，它是能够更好地捕获被扫描物的纹理信息、方位信息的方式。虽然现阶段扫描设备还是在一个限定空间范围之内被使用，但随着扫描科技的进步，手持式的扫描技术将突破空间范围的限制，使现阶段的相对被动的获取数字图像扫描的方式迈向主动获取方式。

第一张扫描图像的出现要早于数字相机图像数十年，并且它是电缆图像传输时代的主要传输内容之一。它最早在NIST的计算机上显示出来，NIST也是最早显示出数字图像的计算机。扫描技术的发展跟当时冷战期间美、苏在航空航天科学竞相发展空间计划的历史息息相关。同时，扫描技术还伴随着医疗领域中不断涌现出的图像需求而不断发展，比如医学成像、医学领域中的X射线的CAT扫描，等等。扫描技术还被广泛应用在其他领域，比如卫星图像、考古图像、可视化系统及识别系统当中。扫描技术的更新发展为整个数字图像领域带来了前所未有的发展。数字扫描图像表现为真实世界应用于三维和二维空间，或者说是真实空间对应于虚拟空间的一种图像转换方式，它强调的是关于真实的模拟性，体现的是一种空间视觉模式的对应与转化。

2013年3月，美国3D打印机厂商MakerBot开发了第一款桌面3D扫描仪，名为Digitizer①，它帮助用户更方便地将现实世界物品转换成为可用于3D打印的数据。这种在数字图像领域中所呈现出来的三维空间关系可以通过视角的变化来达到对空间的一种新的审视，它还可以让观察者进行更深入的数字探索（比如扫描所形成的材质肌理世界）。显然此处的数字图像已经经历了一种转化，它从一种固定不变的状态变化成为可以进行互动的一种方式；虽然从扫描时的定点出发，但它获取了定点空间周围形成的三维关系，最终形成人与数字图像互动模拟的关系。在这种关系下形成我们对虚拟世界的认识，以及与真实世界的一一对应关系，但这并不能代表数字图像所呈现的全部虚拟世界。数字图像世界更像是一种中性的媒介，客观地展现着三维扫描下所展示的与这个真实世界的对应关联，并具有互动性。

李维伊用Structure Sensor②进行街景的三维扫描，之后通过Rhino和Keyshot进行处理。从处理后所得的图像中可以看到便携式三维扫描设备所产生的效果，这与捕捉自然界的图像效果有所不同，因为在现阶段的计算条件下所出现的渲染效果不足，反而呈现出了一种数字模拟出来的强烈特征。

可以说，通过拍摄和扫描设备获取的图像都反映了数字世界与真实世界的关联。这些捕获方式就像一道门，使我们与数字图像相连接。同时，它们也成为我们认识、解构真实世界的一种方式。所以，经过数字处理过的图像，同我们对真

---

① Merz Theo. Maker Bot Digitizer：Desktop 3D Scanner Released. 2015.

② 由Occipital公司设计的全球第一款供移动设备使用的3D扫描设备。

实世界的认识一样具有局限性，它们之间的兼容性也分别体现出在不同模式下形成的感观新意义。

二、储存与编辑技术对真实世界的重构

这里介绍的储存和编辑指对获取的数字图像进行处理的一些基本状态。第一是数字图像的存储状态，第二是数字图像运算程序软件进行的编辑状态，第三是图形交互界面中的原生数字图像组件状态。

1.数字图像的存储设备

数字图像的存储就是一种对数据进行光磁转换的存储方式。数字图像在存储处理过程中会出现大量的数据，并且使计算机进行大量的运算，所以，存储设备的好坏直接影响人们在视觉上对数字图像的体验。

很多延迟反应状态是由计算机的内存空间不足及CPU的运算能力不足造成的，这也是在计算机世界中经常会碰到的一种状况。存储器从存储种类上来分，利用电能可以分为随机存储器（RAM）和只读储存器（ROM），利用磁能方式存储信息的设备有硬盘、软盘、磁带、磁芯存储器、磁泡存储器，利用光学方式存储信息的设备有CD和DVD，利用磁光方式存储信息的设备有MO（磁光盘），利用其他实体物如纸卡、纸带等存储信息的设备有打孔卡、打孔带[①]。可以看出数字图像的存储介质有很多，它们都体现着从数字介质到实体介质的一种转换形式。在现阶段，还有一种基于网络的存储方式，最终还需要一个存储终端（类似于硬盘存储介质），其意义在于从属关系的改变。网络空间变成了一个庞大、集中的存储中心，原来分散的个体变成了互相连接的整体，之前的单一模式转换为可供选择的多种用途的存储方式，这区别于传统的以个体为单位的存储方式，更

① 维基百科：存储设备词条。

加具有高效移动性，也逐渐转型成为数字集体公共空间的一个重构范例。

2. 数字图像的编辑工具及设备

可以提供数字图像修改的硬件、软件繁多，早在模拟信号时代，就有各种复杂的控制器可供进行大量的调节操作，这些操作基于模拟信号的波段信号干扰及控制，可以呈现出多种复合形态，比如Video Synth、Analog Glitch Art、Tachyons+等都是关于视频干扰情况的一些研究用关键词。在模拟信号图像之后的数字图像中则应用到了数字计算处理的数字信号。因为是以0，1进制来完成整个体系的运转和设计的，这种体系在设计上的简洁和准确使得数字二进制沿用至今。在此基础上建立的数字图像则是一种通过软硬件共同完成运算的一种图像现实方式，常用到的一些图像运算程序有：

（1）编辑类

如Processing是一种开源编程语言，被用来为电子艺术和视觉交互设计提供视觉创作；后来也被运用在理论数学数据可视化、物理模型等理工科领域。它不仅可以通过可视化的方式辅助编程教学，并且还可以在此基础之上表达数字创意。Processing也指Processing语言的集成开发环境（IDE）。2001年，MIT媒体实验室的卡西·里耶斯（Casey Reas）和本杰明·弗莱（Benjamin Fry）发起了此计划，其目标之一便是作为一种有效的工具，通过激励性的可视化反馈帮助非程序员进行编程的入门学习。Processing语言建立在Java语言的基础上，但使用简化的语法和图形编程模型①。另外还有基于C++语言的Open Frameworks及Cinder。比较而言，Cinder语法更难，但可以制作出让人难以想象的编程作品，语法更优雅，执行效率更高。

此类编程软件可以建立起多项目协同创作。首先，在关于数字图像的生成创

① 维基百科：Processing词条。

作上，它可以建立起一个数字图像生成世界，以其独特的数字方式加深我们对数字图像的印象。因为它在生成的过程之中应用了大量的程序语言创作出包括数字点、数字线、数字面，甚至数字图案元素在内的数字图像作品，在更大程度上展现了数字图像所带来的视觉感受。它体现得更像一种关于抽象符号的意识想象，这也是我们构建数字图像世界效果所能产生的最直接联想（类似于图像的一部分就是基于点、线、面、图案、元素的组合排列）。数字编程方式给我们提供了极大的便利去创建这种特殊的链接关系，创造属于数字图像领域所特有的图像呈现，这也正是建立数字图像审美体系之初的元点元素。此种类型的编程软件不仅可以创作数字图像作品，它甚至还可以配合声音及各种形式艺术门类的信息参数去建造一种关联，把各种不同的创作元素叠加到数字图像之上，形成一种可以进行互动、交互的形式，产生更加丰富的可能性，形成一种数字图像所独有的数字艺术形式。

（2）编辑器类软件

①平面类

如Photoshop是Adobe公司旗下的一款图像处理软件，它有很直观的软件处理界面，在界面中不仅提供了图像的修改功能，还提供了相应的关于绘画类型的笔刷，可以进行丰富的仿真绘画操作。它还兼容其他类型模式，具有更广泛的图像编辑、修改及创造的特性。Photoshop这样的图像软件具有广泛的兼容性，例如Windows操作系统和Mac OS操作系统平台都可以运行Photoshop，还可以通过Wine来运行Photoshop，当然还有更加开源化的像Linux这样的系统兼容Photoshop。除了Photoshop这种基于位图的平面类软件，还有基于矢量图的平面类软件，比如Illustrator，它可以处理矢量文件。当然，处理图像的软件远远不止以上这两种，比如还有Painter、Freehand、Coreldraw等。另外，还有一些更小型的软件专门加工、制作简单的图形、图像，例如现在比较流行的修饰手机图片的各类App，它们都是平面类再创造的软件。其特点在于：第一，在修改图像的时候都在已有图像的基础之上进行。第二，在使用绘画功能的时候都表现为类似于传统绘画的体验形式。第三，矢量绘画文件利用数字图像的坐标信息来进行创作。第四，为其他大型综合类软件进行辅助加工工作，比如Photoshop与三维图像软件或者合成类型的软件紧密结合，可高效地制作出重构真实世界的数字图像艺术作品。

②合成类

Adobe after Effects是主要用来创建动态图形和视觉特效的合成类软件，允许使用者以2D或3D中的各种内建工具和第三方插件创建动画。After Effects是基于非线性编辑的软件，透过层控制音效和影片的合成，这意味着每个单独的媒体对象（影片剪辑，音讯剪辑，静态图像等）占据自己的轨道。与此相反，一些其他的非线性编辑软件使用另一个系统，只要媒体对象在时间上不重叠，不同的媒体对象可以占用相同的轨道，这种方式可以保持专案档案的简洁。After Effects采用层系统广泛地应用关键帧。虽然其他合成软件，特别是那些采用树状或节点的工作模式（如Nuke）更适合管理大量的素材，但是After Effects能够通过选择性地隐藏层或分组来管理有点杂乱的轨道[①]。

此类软件旨在把各种图像、影像等组接在一起，与声音配合形成一段新的视频文件。从中可以看出合成类软件也可以对数字图像进行深入的加工、制作。与此同时，它也体现出图像与影像的关联性。影像表现为连贯的图像按照一定速率进行播放的连续画面，在影像中会出现比如24帧/秒、10帧/秒等帧速率。2016年李安导演的电影《比利·林恩的中场战事》以3D技术加上4K高画质及每秒120帧的高规格呈现。其中每一帧的尺寸接近于水平分辨率达到4000像素、垂直分辨率达到2000像素的级别[②]，而如此高质量的画面又在120帧高速拍摄时获取，

① 维基百科：Adobe after Effects词条。

② 维基百科：4K电影画面词条。

最后显现出来的每一帧画面的细腻效果是颠覆性的。如果说合成类型软件是为了制作图像效果，那么编辑类软件则充分发挥其能够组接影像的作用，把每一组镜头连贯地组接起来，进行影像创作。它们都属于后期制作类软件类型，既会在一组连续数字图像画面中进行重构与创作，也可以使每一张画面产生新的效果。

③三维类

如Autodesk 3Ds Max，前身为3D Studio。Autodesk 3Ds Max是一个专业的3D计算机图形程序，用于制作3D动画、模型、游戏和图像。它是由Autodesk Media and Entertainment开发并生产的，具有建模功能、灵活的插件架构，可以在Microsoft Windows平台上使用。它涉及的领域包括视频游戏开发、建筑模型可视化等，也被广泛应用于电影效果制作及电影可视化。最新版本的3Ds Max还具有着色器、动态模拟、粒子系统、辐射度控制、法线贴图创建和渲染、全局照明、可定制的用户界面、新图标、自己的脚本语言等功能①。

三维可以模拟出长、宽、高的维度世界，并且可以通过转换视角来获得更多维度上的视觉体验。它可以为一个想象物制作出具体的可视化内容，还可以制作用来进行沉浸体验的数字图像、影像。三维软件就是针对矢量图形信息来设计的。观察三维与贴图结合，可以发现软件在处理贴图和边缘时会产生一种不协调的效果，这也是数字图像特有的一种效果。但它还可以通过一定的参数设置及修饰加工进行真实化的模拟，在不同的渲染器中渲染出细腻的画面效果，再进一步结合其他软件使之更加接近真实。此种加工过程使数字图像产生独特的重构审美价值。这表现为一种特有的数字体验，也可以作为一种数字艺术的语言表达形式。

① 维基百科：3Ds Max词条。

3.数字图形交互界面及Emoji①

图形交互界面（Graphical User Interface，简称GUI）指采用图形方式显示的计算机操作用户界面。与早期计算机使用的命令行界面相比，图形界面对于用户，在视觉上更让人易于接受。然而，这界面在显示器的特定位置以“各种美观而不单调的视觉消息”提示用户“状态的改变”，比简单的文字消息呈现需要更多的电脑运算能力，计算“要改变显示器哪些光点，变成哪些颜色”②。在原生图形界面中，也并不是不可以进行修改，而是使用者几乎已经适应了原生图形界面具有的意义。这好比我们对符号的含义有一种默认态度，也类似于一种模块化建立，它在建立之初只是让我们更好地与电子计算机进行简单、易操作的互动。它体现为一整套分类明确的显示符号。表2为维基百科提供的图形界面控件的分类和相关内容的展示，可以清楚地看到它与程序的关联性。它们是我们“迎接”数字图像的窗口，从它们开始，用户才得以打开各种计算机应用，从熟知的自然界图像到人为设计的图形和图像世界，最终重新构成可供我们观看、分析、思考的数字世界。

表2　图形用户界面控件

命令输入	按钮	菜单					
数据输入/输出	选框/选单	选择钮	文本框	滚动条	列表框	滑动条	
信息	图标	标签	进度条	启动画面	状态栏	工具提示	信息栏
分组/导航	地址栏	超链接	面板	工具栏	窗口	标签栏	
窗口	对话框						

① 百度百科：绘文字（Emoji，日语为“絵文字/えもじ”）是日本在无线通信中所使用的视觉情感符号，绘意指图形，文字则是图形的隐喻，可用来代表多种表情，如笑脸表示笑、蛋糕表示食物等。

② 维基百科：图形用户界面词条。

我们不仅在图形界面中，还会在一些应用程序中看到一些固定下来的数字图像特殊符号Emoji，比如QQ平台、微信平台中就会出现大量的意指性符号。因为其固定的可识别特征，艺术家甚至也会根据其固定含义特征来创作艺术作品，这也是数字图像一种意指特性的展现，比如徐冰创作的《地书》作品就是强调图形符号性的特征。其意义不是源自事物“以外”的一致性，而是来自符号本身和所指符号体系内的位置之间的联系①。这些图像都来自人类设计符号之时所产生的构想，它们最终形成人造的数字图像世界。数字图像世界是被设计过的世界，而不简单体现为对自然界的模拟，并且有些形式已经变成了一种固化模式，就像查尔斯·桑德斯·皮尔士②在《论符号》中指出的符号的意旨一样，我们在这类数字图像诞生之初就已经做好了对这些符号的定义。我们对数字图像的熟悉过程更显现出机器与人的交流的密切。它们都是经过运算设计形成的，它形成的过程揭示出符号之下的丰富内涵。每一种意义的背后都建立了一种对接的关联，最终形成网络的体系。不得不说数字图像具有一种十分独特的符号价值。

关于原生组件，也有艺术家进行过艺术实践尝试，比如安德斯·克劳森（Anders Clausen）。他在这种符号语言中提道，“这种语言通过电脑和诱人的屏幕展现出来”“非常友好、非常熟悉又极其奇怪”。通常，人们认为计算机只是一个工具；克劳森并不同意这种看法，他指出，“那些滚动条与这些符号呈现出来的诱人的3D效果是那样令人着迷”“那些在桌面上整齐堆叠的文件符号、这种

① [英]戴维·鲁宾森，[英]朱迪·葛洛夫.视读哲学[M].杨菁菁，译.合肥：安徽文艺出版社，2007.

② 维基百科：查尔斯·桑德斯·皮尔士（Charles Sanders Santiago Peirce，1839年9月10日—1914年4月19日）生于美国马萨诸塞州坎布里奇，早年在哈佛大学接受教育，后任教于霍普金斯大学。皮尔士在其一生中被很大程度上忽视了，直到第二次世界大战之时，对他的研究文献仍很缺乏。他的很多巨著仍未出版。他是数学、研究方法论、科学哲学、知识论和形而上学领域的改革者，他认为自己首先是逻辑学家。尽管他主要对形式逻辑做出重要贡献，他的“逻辑”所涵盖的很多内容现在被称为“科学哲学”和“知识论”。他发现并创建了作为符号学分支的逻辑学，他发现逻辑运算可以用电子开关电路完成，因此预见了电子计算机。

程序的逻辑，是一种值得研究的语言”。安德斯·克劳森充分肯定了数字图像中的符号对观者及社会造成的影响。

三、显示技术对真实世界的映射

显示设备可以分为投影式、显示器式、发光的点阵式等，其主要的特征都在于与光进行紧密结合。数字图像的显像设备，如显示器、投影仪、移动终端平台、可穿戴设备等，都是我们能够与图像进行沟通的最重要的平台，但到目前为止，最有效、最直观地观看数字图像的手段还是通过屏幕，见表3。

表3　显示器类型（参考维基百科显示器科技列表）①

显示器	ELD	VED	LED	CRT	LCD	PDP	DLP	LCOS	JGZO	AMOLED
下一代	OLED	SED	FED	FLD	IMOD	TDEL	TMOS	TPD	OLET	LPD
非影片	VFD	LEC	SSD/FSD/SISD		dot–matrix					
沉浸式	Stereoscopic		Hologram		Fog display		Musion Eyeliner		Volumetric	
投影式	Movie/Slide Projector				Neon/Destination Sign			Laser beam		

1. 投影式

投影式的显示设备突出强调了所展现的数字内容与现实环境进行的互动。数字图像的投影会与投射的墙壁或幕布形成一种光与反射材料的关联性，使呈现的

① 电致发光显示器（ELD），荧光显示器（VED），发光二极管（LED），阴极射线管（CRT），液晶显示器（LCD）（TN液晶、STN液晶、TFT、Blue Phase、IPS、VA、CCFL背光、LED背光），等离子显示屏（PDP），数字光处理技术（DLP），液晶覆硅（LCOS），氧化铟镓锌（JGZO），小尺寸主动矩阵有机发光二极管（AMOLED），有机发光半导体（OLED）/大尺寸AMOLED，表面传导电子发射显示器（SED），场发射显示器（FED），磁液显示器（FLD），干涉测量调节显示器（IMOD），厚膜介质电致发光技术（TDEL），时序复用光学快门（TMOS），伸缩像素显示器（TPD），有机发光晶体管（OLET），激光荧光显示器（LPD），真空荧光显示器（VFD），发光电化学电池显示器（LEC），七段显示器（SSD），十四段显示器（FSD），十六段显示器（SISD）。

画面具有复合性的特征。当然，在投影式的创作领域还有一种特殊情况，就是全息影像，它通过多个不同角度的影像在特殊薄膜上进行反射与折射，在视觉上展现出类似于真实世界的光像效果。这些形式都同时作用于真实世界，形成投影数字图像与真实世界发生的链接。人为地干预画面（如遮挡、破坏）会出现在一些数字图像艺术的投影创作之中，使依存关系变得更复杂、更加多层次。

2. 显示器式

大部分的数字图像显示都存在于显示器之中，这里不仅包含CRT阴极射线管显示器、LCD液晶显示器、LED发光二极管显示器、OLED发光半导体显示器、触摸屏显示器等，日常使用的手机屏幕也属于数字图像显示器。它主要强调显示器屏幕之下进行一系列的光电控制处理所呈现出来的显示效果，现阶段与其他显示器比较而言，具有较强的分辨率及清晰度，也是相对物美价廉的显示设备，被广泛应用在各个领域。当然，因为需求不同，所以功用也有所区别，比如电子书在正常的光线下也清晰可见，而对于下一代的显示屏幕，出于可折叠的需求，变得日益增大。

3. 非影片式

点阵式可以说是一种原始的数字显示方式，也是非影片式的重要组成部分，被广泛应用在一些并不需要复杂内容的领域。它是由可亮、可暗的很多小单元排成阵列（一般为矩形，其他形状也有，但并不常见）来显示文字或图形内容的显示装置。它可以用来显示机器运行状态、时钟、铁路发车指示等很多无需高分辨率的简单信息[①]，其效果已经体现了数字图像显示的初衷。在非影片式显示器当中，ePaper电子书显示器则属于比较特殊的一种。

① 维基百科：点阵式显示器词条。

4.沉浸式

Google眼镜（Google Glass）是可穿戴显示设备的一种。它是一款配有光学头戴式显示器（OHMD）的可穿戴式电脑，由Google开发，其目标是制造出供给大众消费市场的AR（Augmented Reality）增强现实显示计算设备。Google眼镜以免手持、与智能手机类似的方式显示各种信息。穿戴者通过自然语言语音指令与互联网服务联系、沟通[①]。可穿戴显示设备不仅局限在眼镜，还包括可穿戴式手表，甚至包括《黑镜》系列英剧中展示的可放入人眼的电子芯片等。它们意味着一种增强现实的世界的到来，更体现为投影作用于眼前，并且与现实世界配合来展现数字世界生活新方式。显示器作为显示的载体，可以为数字图像的出现设定一个身份背景。最终我们将摆脱显示器的限制，而直接观看被营造出来的数字虚拟世界，甚至在一定程度上模糊虚拟世界与真实世界的界限，使之形成一种映射关系。

在VR（Virtual Reality）虚拟实境互动设备中，数字图像作为一个极为有效的模拟方式而存在。现阶段，体验互动设备下的数字图像会产生一种全新的360°全景拍摄模式下的三维感受。它需要佩戴可穿戴设备，使得我们可以全方位、无死角地观察被摄的对象，并且可以进行简单的交互操作。在这种全景影像中，交互变得更为自由，可以通过主体前、后、左、右的移动来获得对虚拟实景的了解，甚至可以产生相应的互动性，这就打破了传统意义上我们对图像被动接受的局限，使我们转为主动探索。在VR的体验中，我们获得了一种关于模拟的新体验，甚至在沟通的层面上也会做到三个“I”，即“Immersion–Interaction–Imagination（沉浸 — 交互 — 构想）”；我们也将在与计算机沟通的互动层面上

① 维基百科：Google眼镜词条。

进入自然用户界面NUI（Natural User Interface①）。

数字图像成为全虚拟、模拟世界中的主角，再一次拓宽了人控制计算机图像的新领域。在虚拟的世界中，所有出现的内容都有待于数字图像的发展和提升，我们甚至可以通过体验的各角度或者实施的多渠道去完善、构建整个虚拟数字世界。Google的几个计划就是研究关于数字艺术博物馆的数字游览部分，关于名胜古迹的游览导视项目都基于虚拟实景的创造。相信这种模拟空间将得到大量普及。而这些概念来自1983年的电影《Brainstorm》，其中就大量展示了人们关于交互体验和虚拟图像的一些想法。

在数字图像世界中，我们找到了可供探索的众多形式的虚拟景象，这些景象也基于对真实世界的映射，这些形式给我们带来了与数字图像接触的机会。设备的更新也体现着一个不断演进的过程，在演进的过程中，旧的技术又不断被新的技术超越，而这些超越都基于人的需求本身。最终人与数字图像的交流将越来越顺畅，我们也终将被数字图像完全“看见”。

第二节　传播建立的数字图像形式

探讨网络数字图像的原因是数字图像是由生成—传输/连接—显示三个步骤来实现的，三个步骤构成一个整体。如果说只在一台计算机本身的封闭系统中传输的特性并不明显，或者说这种传输是有限的，那么一旦打破这种壁垒，两台或多台计算机间的传输则显得尤为重要。

正如麦克卢汉所说：“今天，在瞬息传播的电子时代，我相信我们的生存，

① 人们与计算机的交互经历了命令行界面CLI（Command-line Interface）到图形用户界面GUI（Graphical User Interface），再到NUI（Natural User Interface）的转变，但在每个阶段都会经历关于运算、储存等的问题。人机沟通越来越完善，而对硬件设备的要求也越来越高。

至少是我们的舒适和幸福，要取决于我们是否了解我们新的环境的性质。这是因为与过去的环境变化不同，电子媒介构成了文化、价值和态度的全局，几乎是在刹那间发生的转换。这种巨变产生了剧痛和身份的迷失。只有对巨变的动态获得清醒的认识，才能减轻痛苦，减少迷失。只有了解新媒介引起的革命性转换，我们才能预测和控制这种变化。但是我们继续沉溺于自我诱导的潜意识痴迷，我们就会受到它们的奴役。”①

一、基于网络传播的数字图像

数字图像会广泛流行的原因在于网络的便捷、发达，网络使我们不再处于流通极小的“狭窄”空间，而处于一个开放而四通八达的虚拟空间。这就给了虚拟的数字图像一个场域，让数字图像的身份在此确立。身份的认定也对应着真实存在。麦克卢汉的媒介理论早已指出，人类所处的延伸世界就是媒介的部分。数字图像本身就是一种可以用来传播的图片形式，几乎所有的数字图像都可以用来传播，只是限于带宽对传播效能的影响，体量相对小。而这些流通于网络的图像五花八门，几乎涵盖了整个世界和所有领域。云科学的介入使得传播、储存功能变得超出我们的想象，它能够把记录在手机中的所有图像上传至网络存储器，并且能做到随调随用。

云计算被认为是由约瑟夫·卡尔·罗伯特（Joseph Carl Robnett Licklider）在20世纪60年代发明的，他设计出在任何时间从任何地方连接人和数据的方式②。它也可以说是互联网的开端，起初被运用于一些军事背景的项目，但这并没能掩盖其可供全球使用的互联功能。

---

① [加]埃里克·麦克卢汉，著；[加]弗兰克·秦格龙，编.麦克卢汉精粹[M].何道宽，译.南京：南京大学出版社，2000.

② 维基百科：云计算词条、J C R Licklider词条。

在此阶段，不同主机的相互链接存储变得尤为引人注目。通过储存大量的图像内容，只要是能够提供网络的地方，我们就可以在任何时间、任何地点随意下载之前储存过的数字文件，这种行为打破了空间上的限制，也缩短了传输的时间。量子物理中存在一种多维世界理论，尽管这种理论并未得到证实，但是已经广泛地深入人心，成为当代人类理解世界的一种常用描述。这些描述都不约而同在表达一种真实感受，以及我们正生活在一个多维度的世界里，而网络的广泛应用是这种视觉被多维度打开的一个先决条件。存在与否与打开或者观看产生了必然联系，这也正是存储在云空间的图像与显示的过程之间的关系。

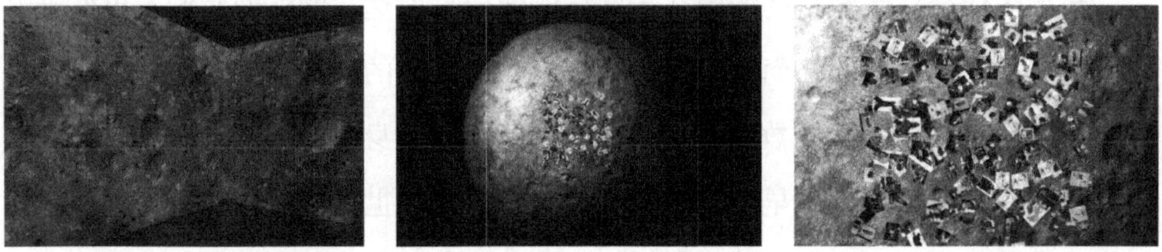

图2　国际新媒体艺术三年展上的胡介鸣作品《一个世界正在建设中》(李光摄)

图2为2014年举办于中国美术馆的国际新媒体艺术三年展上胡介鸣的作品《一个世界正在建设中》。“在这个星球的表面上会有一些图片存在，这些图片是来自观众的私人信息，观众通过手机将拍摄的图片发送到这个星球上，在现场可以通过鼠标的操作来放大或移动这枚星球，并对它的细部进行观察、点击，阅读这个由私人信息建立起来的虚拟世界。”[①]它提供一种储存机制，当我们上传图片时，它都对应着一个在云端被设置好的位置，并且随着上传图片的递增而不断地累积，最终形成了密密麻麻的数字图像组成体。这也象征了云计算中中央处理器所代表的形式的外化。

① 引自中国美术馆官网，“Thingworld现场三”带您看展览 —— 合唱：物之会议，胡介鸣作品《一个世界正在建设中》。

二、数字图像在网络中的公共性与私密性

1.公共性

如今，我们在印刷术、摄影、电影、电视等传统媒介里探讨关于公共性问题时会发现，可看的资料、照片已经变为数据被上传到网络。在现实生活中，观看电影和展览具有一定的集体活动的公共属性；而在网络中，这种公共性体现为诸如聊天室的盛行、弹幕的发展等。公共性从现实转移到网络，改变了人类群体互动交流的方式。

网络创造的新型公共性空间已经使人们形成了一种观看屏幕内数字图像世界的习惯，而且我们可以在各种显示器上观察同一张数字图像，它可以同时把同一张数字图像展示在多个媒介平台上，提供给人们相当大的自由度去读取这些图像数据和画面。Google地图（Google Maps，前称Google Local）是Google公司向全球提供的电子地图服务，地图包含地标、线条、形状等信息，提供矢量地图、卫星照片、地形图等三种视图。其姊妹产品包括Google地球、Google月球、Google火星、Google星空、Google海洋[①]。

可以看出Google在地图方面的“野心”，它不仅可以提供现阶段道路上的信息，还在尝试去更多的公共图像领域抢占最佳的先机。在可识别图像领域中，Google也在制作无人驾驶系统，扫描并分析捕获的数字图像，用来分析距离信息，操控汽车的最佳判断时机。

当然，人类并不能直接从机器的角度去观察并分析数字图像，但我们还是可以应用到更多诸如地图之类的带有数字图像的信息。除此之外，我们还会看到卫星数字图像照片及能够显示出等高线的地形图像，这是一种在预览情况下被设置好的可供辅助参考的数字图像模型。为了提供更好的数字图像体验，甚至在互动

① 维基百科：Google地图词条。

方面提供交互的模式，Google让人们可以自由地把内容载在所经过的地图之上，这样，在进一步完善街景数字图像的同时，也把我们自己拍摄的照片以公共的形式加以分享。这种共同完成的公共行为不仅出现在数字地图上，还有一些传统文件的数字化工作也通过公共编写来完成。这都是数量巨大的公共性工作，我们也可以把它看作是在公共领域中出现的数字图像的公共类型，观众在观看的同时参与公共创作。

而Google如今就在做一些关于公众服务平台的项目，比如Google的Art Project项目这样描述："你可能无法探索世界，但你喜欢来自世界各地的传统画家的艺术品，你想在各种博物馆看到它们。为了做到这一点，坐在沙发上，Google为您提供了一个非常有用的在线服务，称为'Google艺术计划'。Google艺术计划帮助人们看到流行画家的作品，并显示艺术品在各种博物馆中的位置。这是一个非常易于使用的Google Art Project Chrome扩展程序。除此之外，还可以找到各种选项，例如合作伙伴、项目介绍、艺术家、展览和展出、使用媒介、艺术运动、历史事件、场所介绍等。所有这些类别都可在Google文化学院找到。"①

2. 私密性

网络隐私（Internet Privacy）指在互联网上涉及个人隐私的部分，网络提供商、内容商对个人信息进行存储、再利用，提供给第三方②。网络隐私是数据隐私的一个小范围体现。与此同时，还有更多被数据化的私密性问题的讨论，公共边界日渐消失，我们有时甚至还会把公共空间也当作私密空间来看。在网络中使用数字图像的同时，我们也把自己的这部分隐私做了一次分享。当然，在历史的长河中出现了大量关于隐私的不同看法的现实中，我们甚至也会越来越适应网络

① Google Official Blog. Explore Museums and Great Works of Art in the Google Art Project，2011.

② 维基百科：网络隐私词条。

公开程度，或者会主动模糊此种界限。但我们必须拥有可以完全私人化地去处理数字图像信息的权利，并且在联网的状态下去保护处理过的数字图像信息及其他在网上进行操作的各种信息痕迹。

在网络世界，私密性都处在数据信息的连接之中，个体隐藏在屏幕之后，很难分清网络私密化与公开化的边界，比如人们每次在网络的角落进行的私自宣泄这种极其个人化的行为也会同时被抛到网络数据化的大平台上，成为公共话题，那些流行于网络的大量图像在一定程度上也都变得具有了公共性。

如果了解储存性质，我们就会发现数字信息都被保存在缓存或硬盘之中进行读取，通过技术手段，就有机会还原这些信息，联网后也能轻易获取这些数字资料。数字图像也不例外，如果电影《斯诺登》所揭露的情况是事实，那么就会有诸多带有私人信息的文字、图片、影像等被暴露在网络之上。

网络的安全是一个复杂的命题，网络中的数字图像还会牵涉诸如归属性的问题。很多时候，我们将拥有分享授权的图像数据投放于网络之中，在从点对点到更大的点对面的流通的过程中，其原来的归属难免时常被肆意篡改。很多时候，在纠正此种隐私图像问题时会不彻底，因为既要从源头消除信息，又要截断其传播路线。

3. 整合

艺术家埃米莉·布劳特（Émilie Brout）和马克西姆·马里昂（Maxime Marion）于2015—2016年创作的艺术项目《你的纪念品的鬼魂（Ghosts of Your Souvenir）》系列的数字图像，在线寻找关于自己图片的作品——一个整合数字图像网络特性的作品。作品表现为作者在著名的旅游景点的照片集合。该项目有一个表演维度，即艺术家到感兴趣的地方，并留在那里几个小时，以便被间接拍摄；一个调查维度，即在网络社交图片平台中，标注地点和日期公布了艺术家在那一刻确实存在于此地的信息，便于艺术家发现那些游客在同一时空存在的图像。此系列不产生于艺术家自己拍摄的图像，而是从来自第三方的天文数量的网络数字图像文档中选择出现艺术家的图像。游客拍摄者并不知道有艺术家存在，他们在拍摄照片时，艺术家仅作为背景。观众观看这个图像集合时，首先看到一系列纪念照片；第二次观察图像时，则会发现同一个艺术家的存在，艺术家成为这些照片的主角。《你的纪念品的鬼魂》体现了来自世界各地的人们遍布全世界数据库的公众性与私密性地点所留下的痕迹之间的联系[①]。

由此，我们可以看到，数字图像是带有公众性和私密性的一种矛盾承载体。在笔者看来，这种情况体现为一个整合的过程——数字技术整合了公众性和私密性。在整合的过程中，我们接受了上传、下载图片这种双向度的现实，这也让我们开始统计数据的流向，走上大数据分析之路。正是基于这种网络的矛盾性，我们在上传数字图像之前总会冒着需要敞开一部分隐私的风险，又在上传后实现了在整个网络世界大平台进行沟通的愿望。

这种出发点还基于私密性与公众性的关系。私密性和公众性就像线段两端的点，但形成整条线段的过程十分复杂，它们更多表现为串联起一个共同体，而弱化了互相矛盾的性质。我们已经开始在网络上展开寻找更多相关联的新意义的行动，就像我们不断地往已有的结构模式上添加更多的枝叶，形成一个信息流通模型。

由于数字图像容易被编辑、修改，它又带有一种天然的公共属性，它在传播过程中容易发生一系列异变。有时候，这种异变体现为在传播初始时候的作假，有时候则体现为在传播过程中对先前目标的偏移。例如在网络上曾轰动一时的华南虎事件，整个事件就是围绕着如何辨清图像是否被处理过、是否真的拍到过华南虎展开的。人们热烈地对网络流通中几乎已经难辨真假的图像加以判断，引发网络平台上大规模的讨论。可以发现在事件中，我们讨论的基础不确定，我们讨

① 资料来自Émilie Brout&Maxime Mario官方网站关于Ghosts of Your Souvenir项目的介绍。

论的结论方向甚至相反。最终当事人解释并回应了整件事情的发生过程，承认图像经过了篡改，至此，这件事情才算有了终结。这就是一个典型的数字图像的编辑属性与传播属性互相影响的网络事件。

整合在这里表现的并不是价值上的判断，而是一种关于可能性的探索，我们的集体行为和个人行为则在这个意义上变成了一个整合的共同体。不管是公众评述还是个性化展现，人们的接受度都越来越高，就连整合数字图像特征也更像在表达一种在网络时代的整合态度。对道德底线的把握可能随着时间的推移不断变化，网络中的数字图像还将一而再地被提及；它也肩负着更多的内容，呈现出更丰富的本质上的特征。

第三节　数字图像重塑现实空间

一、开放式空间中的数字图像

如今，现实公共环境之中充斥着数字图像，这些数字图像重塑着现实空间。数字图像利用公共环境来传递大量信息，我们则在被动观看这些数字图像中消耗了大量的时间和精力。相较于数字信息爆炸的时代，传统图像则更接近“主动观看”，它需要更多借助人的主动和自觉，这就产生了主动与被动观看的区别。但在当下的公共环境，如果选择以主动观看来展现数字图像，人们会极容易错过对信息的接收。所以循环（间断循环）播放成为当下公共领域数字图像的特点，不同的观看者在接受信息的时间上的差异也带来了信息接收上的不对等。假如在公共环境中出现的是活动图像（影像），那么此种活动图像必须有带入感，只有带入感能使得信息的特点最大化。而静止图像必须被最大化地增加信息量，或者被采取多张信息量丰富的图像循环播放的方法，它们属于我们不自主地选择以余光观看的一部分。人们还会针对图像的投放程度考虑其成本及所在的位置，甚至维护的成本等附加部分。

1. 大型单一屏幕中的数字图像

值得一提的是在开放的公共环境中的数字图像项目。首先要提到的就是弗里蒙特街大体验FSE（Fremont Street Experience），它是内华达州拉斯维加斯市中心的一个步行购物中心。FSE位于弗里蒙特街的西部五个街区，拥有世界著名的穹顶显示器构成的街道，是去拉斯维加斯的游客们都想去的地方。它是同平台、主题型的数字图像被应用在公共空间中的一个典型例子。制造如此惊艳的展示效果需要克服各种困难。比如视频屏幕有1500英尺（约457米）长、90英尺（约27米）宽，被悬挂在弗里蒙特街著名的步行购物中心上方90英尺处，观众可以仰视的方式获得一种从天而降的体验，此种悬挂设计就极具挑战性。而它的显示器包含约210万个灯泡，由32台计算机控制。显示器之后于2004年升级，包含1250万个LED显示屏，编程运算的工作量可想而知；如此庞大的显示平台还需要克服图像显示模糊等问题。

我们可以发现，在公共环境中，数字图像载体可以被进一步扩充，其体量可以变得更加庞大，并且多数由多项控制器进行控制，展现的往往是大型的高科技。数字图像主要通过庞大的展示平台及创建的符合展示平台的内容来吸引观众。人们所惊讶的不仅是科学技术的手段，还有复合的整体环境所构成的数字图像艺术作品带来的视觉震撼。

2. 大型混搭屏幕下的数字图像

纽约的时代广场是多平台展示数字图像的标志性例子。

时代广场是纽约曼哈顿中城的一个主要的商业路口，在百老汇与第七大道的交会处，林立的数字显示屏和展现的商业广告让人目不暇接。它是世界上最繁忙的路口之一，也是百老汇剧院区的中心和世界娱乐业的中心，每年吸引约5000万游客，每天大约有33万人经过。

时代广场在公共空间中可以被看作是一种并置的、大量的、多形式的、多内容的数字图像及影像群。它由各种数字图像主题和承载主体组成，甚至为了吸引游客的注意，设计者会根据建筑物的外观形体来设置数字图像承载平台，或者出现跨屏幕呼应数字图像画面的现象。多段影像也会造成游客注意力相对分散，产生受到多种数字图像的画面冲击而焦点涣散的状况。累积的刺激感也会造成一种无所适从感。此种公共环境中的多屏幕展示能够综合体现大量的数字实现手段，也是流行于商业广场上的数字图像展示形式，甚至可以作为一种发达的现代商业文明的标志性符号。（见图3）

图3　2016年8月纽约时代广场上的显示屏幕（李光摄）

二、半开放式空间中的数字图像

1. 艺术演出中的数字图像

数字图像可以作为一个艺术演出部分抑或是背景而存在，主要为了展示、烘托气氛。它所属的领域要求它满足主题的需要，配合主题来完成舞台展现。它的呈现是经过设计的。而作为背景，它往往被设置在焦点之外，观察的主体依然是舞台上表演的角色，只是在视觉呈现形式上因为有了数字图像，就拥有了更多的可能性。在观看时，我们往往从数字图像背景中获取剧情的一些基本信息，比如时间、地点、环境、气氛、所处的场景，甚至风格。

大型的舞台剧演出中比较著名的就是拉斯维加斯太阳马戏团的KA秀表演，它多利用高科技的舞台，可以随着表演的进行转换成不同的形态和内容。比如舞台可被拆分成几个部分，分出前景、中景及背景，来模拟丛林、海底、平原、沙漠、太空、幻想的世界，等等。数字图像则附着在板块上，配合这种板块的划分，并与演员的表演形成互动，随着剧情、灯光等的变化烘托并营造出想象中的氛围。那些多变的、丰富的、可塑造的内容给数字艺术创作提供了极为广阔的空间。

如今，制作者们已经可以很好地把握数字图像画面所产生的视觉体验，并且在这个基础上进行更多的创新和实验。数字图像已经成为舞台表演中烘托气氛的重要手段，现阶段大多数的舞台表演都不同程度地应用了数字图像背景。在舞台剧的呈现过程中，数字图像能很好地为剧情服务，观众也对舞台中出现的数字图像显示的形式给予了充分认可。

2.作为主体进行展示的数字图像

单独的数字图像也会以主体形式存在，多见于大型的影院和剧院、大型的媒体影像艺术展及互动数字游戏中。在此种类型中，它与传统图像的相似性在于都以一种独立的方式出现。单独的数字图像形式又可被分为独立的影像和新媒体两大部分。

以独立的影像作为主角的形式包括电影及电影周边（数字游戏），如2D电影、3D电影、4D电影等。区别于传统电影从二维到三维的观影形式，作为主体的数字图像形式可以配合多种机械装置，出现一个物理移动的维度，还可以结合喷水、烟雾及气味增加观众的多维度感觉体验，就是我们所说的4D电影。在奥兰多的娱乐主题公园内，人们利用这类数字图像作品建成一些电影主题4D体验厅。这种形式成了一种更立体的体验形式，观看角度也从定点观看转变为多点观看。这种与游乐场设施结合的数字图像给予观看者前所未有的体验，这种体验表现为数字游戏的升级版，同时拥有游戏的互动性和电影的震撼效果。如好莱坞环球影城金刚360° 3D历险中，屏幕中出现的金刚和恐龙高达十几米。

另一种此类数字图像则体现为拥有更多实验性和不同画面表现形式的新媒体艺术，它们往往出现在博物馆或者画廊展览中，并且根据不同的展示场所和空间被决定展示样貌。它也使自身脱离固定画面和固定地点，而变成一种更具实验性的可供审美的新形式。对于这类艺术，形式的多样化突出了数字图像拥有的众多可能性（从其展示形式到展示内容皆如此）。丰富的形式、内容的变换形成了现在数字图像的新媒体格局。

作为主体的数字图像拥有并创造了图像的更多可能性，网络推动了数字图像深入生活，显示屏幕的发展则意味着数字图像可供观赏的方式的发展。数字图像本身所具有的可变性及其组成形式都成为我们欣赏数字图像的主要内容。

三、私密空间中的数字图像

所谓的“私密性数字图像”指在小型个人化处理数字信息的设备中出现的数字图像，可触摸性和互动性成为私密性数字图像的重要表现形式和特征。从20世纪到21世纪，人类的视觉媒介涉及了绘画、摄影、电影、摄像、计算机、万维网及移动互联网；如今我们进入一个多种文化、观念、经验和思维方式急速碰撞的时代，笔记本电脑、台式机、iPad和手机则成为这个越来越令人眼花缭乱的世界中的个人视觉终端，尤其是iPad和手机，其功能的可触摸性体现着数字图像空间与真实环境链接、互动的终端状态，人们已经习惯于整天触摸屏幕和轨迹板，移动手指来驱动软件，敲打、摩擦、滑动它们。我们看似在进行主动互动，从另一方面也在进行数字图像主动与人的互动。这体现为一种类似“互训”的概念。触摸屏幕已经成为数字图像最重要的应用、展示平台，有着及时性、转换性，分享性等特性，并且正在迅速被优化，以适应人的应用特征，加强交互性、及时性和分享性。另外，小型设备的双镜头有向内观看和向外观看两种视角，亦为扩展这种私密空间提供了可能。

与此同时，这类终端设备催生了新的艺术形式，数字图像发光的特质使得关注的焦点在自然空间中突破了黑暗的限制，在尺寸有限的屏幕中便产生了无限的异想空间。英国艺术家大卫·霍克尼的iPad绘画作品就体现了此类设备的各种优势，他可在任何场所用手机、iPad进行数字绘画，而不用考虑光线和环境。

四、现实空间中的数字图像对人的影响

1.观看的被动性与主动性

对于观看的过程，有主动观看与被动观看之分，所有的数字图像在被观看的同时，也“主动寻求”被观看的机会。显示器中的电子元件在发光，同时也把我们的世界照亮，人类本能地寻找光亮的原始冲动使我们不断被屏幕吸引，数字图像所传递的信息通过这种特有的方式去“寻找”那个可能接收它们的人。

人们在主动观看时，注意力会集中在某一方向上，捕获所找寻的目标，然后再去进一步分析所观看的内容部分。电影、电视、手机等各类可供显示的发光平台就提供了这种观看的形式，而数字图像就是这种形式所展现的内容。

被动观看则多发生在视觉信息爆炸的环境里。含有大量信息的大量发光屏幕造成了一种笼罩性的发光环境，正如在时代广场穿过时所体验到的，所有的屏幕

信息一齐涌来，我们无法对每组画面都进行主动观看，而是被淹没在图像信息的冲击中。所以，这类图像在观察者看来都是一种相对不完整的信息图像，人们只感受到一些数字图像的信息片段和色调的视觉碎片所带来的气氛，内容已经被消减到最少。在主体的这种被动的观看中，数字图像也产生了一种让人在这样的信息海洋里把碎片自动重新组合出图像全貌的机制。每一组图像在一定时间范围进行重复，即使我们在这一秒没有注意到某个信息，它也很有可能在下一轮重复中被发现。

当然，主动性与被动性是可以相互转换的。观看的形式总是随机的，人们并不只用一种方式去看，而是采用多种形式组合或更替的方式。如今人们应用各种设备帮助自己看到更多的信息，并对信息加以分类筛选。增强现实的流行正说明主动观看过程中辅助设备的功能日趋完善。从另一个方向讲，数字图像内容的呈现是被安排与设计过的，我们会针对设计过的内容寻找观看对象。另外，深度捕获图像的技术则被广泛用来制作互动游戏，计算机识别图像的能力也进一步加强。在互动的过程中，观察的主动性也部分转化到计算机图像的识别过程中，使计算机也开始主动地探索人。

2.数字图像信息量的堆砌

数字图像信息的过于充盈使人类在不知不觉中已经生活在数字化世界当中，从第一台可视化计算机诞生开始，我们就已经从信息图像中读到了数字的生命力，并获得某种乐趣。如今，在被网络化包裹着的纷乱的数字图像世界中，我们面对的头等问题是如何去分辨、筛选有用的数字图像信息。所谓的“图像的堆砌”也正在于此，因为对于同一内容，就有多种不同尺寸的图像级别可供选择，并且由于数字图像的反复复制、传播的特性，它积攒了大量重复的信息。我们试图利用数字图像去掌握事件的全貌，殊不知可用的数字图像已经多到我们可以用来组建一个具有片段化特征的数字图像世界了。

这个世界已经有太多的内容被数字化、像素化，甚至因为这种像素的不同，我们会对它们所属的知识体系形成一种分类判断。简单来说，就像观看高清图像和标清图像产生的感官差异一样，它们因为自身的特点，甚至分属不同的时期，拥有那个时期的话语权。更进一步说，这种片段化深刻地影响了人类，我们已经越来越习惯于从片段的角度去考虑问题，真实世界也逐渐被数字图像构建的世界吞噬。不仅如此，日后数字图像还会为我们提供更多展现思想世界的可能。现阶段的数字图像泛滥也充分展现了人类对掌握的内容的不自信，因为有太多相关的干扰元素，我们从拿起手机的一刹那就已经被此种图像信息占领。

反观在环境中的数字图像，人们在生活中已经离不开数字图像。我们也在大量地消耗时间、精力去处理数字图像信息。展现在我们面前的就是一个需要适应的数字图像世界，而我们接下来要主动去探索的是一条可以与之和谐共处的链接之路，以维护彼此之间的一种平衡关系。建立数字图像的审美体系迫在眉睫，我们也希望由此建设一条可供分析、判断的通道。

第三章　数字图像艺术

数字图像艺术创作的神秘气息体现在我们的生活的方方面面。屏幕作为一个通往虚拟世界的窗口和工作平台，记录着我们的工作过程。通过键盘、手指或声音，人的头脑和身心就可以一种特殊的知觉方式与这个虚拟世界产生联系。如今，我们完全适应并习惯了这种链接，并且对这种链接产生了依赖、迷恋和沉溺。屏幕已经成为人的头脑和感官的外延。数字图像的特殊性犹如原始人类面对的山洞和岩壁，已经将人类带入了一个崭新的造物神话中。只是在这个岩壁上，人类编码出了方格子像素。每次新技术的发展都使人们重新定义艺术创作的发展方向，并且不断通过实践把技术应用在艺术创作之中。在本章中，我们将从技术内容的更新出发，再现一些当下最前沿的数字图像艺术实例，来具体说明数字图像艺术在内容和形式上的一些特殊性。

第一节　技术形式对应艺术形式

科学技术作为人类前进的硬件设备，引领社会方方面面的更新换代。在艺术领域，艺术家的直觉也对科技的创新提供了先验性的指引。在科学和艺术领域，它们彼此的影响是相互的。在时代更迭的过程中，各理论流派观念也随之不断演进。这就给我们提供了一个可参看、对比的发展过程。

一、早期数字技术与达达主义

在史学界，人们总会把时间节点划分在战争前后。1920 — 1945年正是“一战”结束后及“二战”之时，这段时间对世界人民来说是灰色的历史时期，对人的价值、社会结构及社会发展都产生了巨大的影响，人们正是在此种历史背景下开始对战后世界展开新角度的设想。在此期间产生了著名的达达主义思潮。准确来讲，达达主义思潮可追溯到20世纪初，它表达了对深潜在欧洲的老派价值观内部的美学传统的一种讽刺。达达主义废除了艺术形式，强调通过任何形式对艺术进行反叛，从而发现更明显的随机和偶发的现实，至于存在的结果和艺术审美，则全都交给观众评判，代表人物主要有马塞尔·杜尚、马克思·恩斯特、曼·雷，等等。这段时期也是电子技术的兴起时期。所以，达达主义是介入电子、机械、现成品装置等领域的先驱。

1920年，杜尚与曼·雷就创作出了一部复合媒介电子作品，它主要由被画好花纹的五块玻璃和把玻璃串联在一起的架子构成。通过控制开关的启动，从一定角度、一定距离看上去是平面的装置，在其他角度看则有一种分开效果。这是在视差效果、机械、控制、多媒体领域中最早的实践作品。

达达主义不仅在机械控制领域有所涉及，很多达达主义的设想与编程的想法十分接近。那时候，这些“编程”还只体现为一种想法在付之于实现时的一个过程。而达达艺术的创造就在于设计现成语言的诉说方式，然后，更多的随机可能性可通过语言迸发出来。这也接近于达达艺术所呈现出来的达达诗学。所以随机性，或者说无限延展性成了达达主义的标志，这也与数字艺术家追求的程序化、编程式观念不谋而合。之后的很多数字艺术家都基于此种观念去创作、操控其艺术作品。当然，此时的艺术作品还完全不能算数字图像作品，只能说是一种锥形。

与此同时，一些特殊的动画形式也开始出现。1921年，由汉斯·李希特（Hans Richter）拍摄、制作的最早一部抽象电影《节奏21（Rhythmus 21）》公映。从片段中不难发现，此时的先锋影像正在形成一种更加依靠抽象符号手段来创作的趋势，这也迎合了当时达达主义的观念。这些抽象符号形成了抽象先锋电影的早期风貌。现在看来，这些风貌符合数字图像发展初期的形象，体现出方形元素，以及点状、条状等简单几何图像的组合关系。

1941年，豪尔赫·路易斯·博尔赫斯（Jorge Luis Borges）的《交叉小径的花园（The Garden of Forking Paths）》里面提到了一种搭建超链接文本的结构，当然，《沙的书（The Book of Sand）》《巴别塔的图书馆（The Library of Babel）》都体现出了“无限文本”这个概念。

1943年，诺伯特·维纳（Norbert Wiener）在《行为、目的和目的论》中提出了关于控制论的理念。这对数字技术的影响是巨大的。之后他在于牛津出版的《控制论：或关于在动物和机器中控制和通讯的科学》中命名了“控制论”，他在书中讨论了时间、计算机与神经系统、格式塔、信息、语言与社会、学习与自生机器、脑电波与自控系统等与当今计算机、控制学领域相关的基础讨论，奠定了此学科的重要地位。

1945年，著名的美国工程师瓦尼瓦尔·布什提出了最早的Memex概念。他在文章《就像我们想的一样》中设想了一种半透明的屏幕，人们可以随意地浏览文件，并且可以在屏幕上翻动文件，这些文件中还包括图片，并且此装置可以被随意写入数据。这种设想显然已经开始连接人与数据，并引申出无限的互联网世界。

人们在早期的想象中，甚至在艺术实践中获得了一种可以与世界沟通的另外一种方式——这种方式会产生人与机器、数据与万物的链接关系。

二、数字技术的可视化

1946年，世界上第一台通用型电子计算机ENIAC诞生。虽然它的体积很庞大，占了整整一间屋子，并且非常耗能，但是在当时，它的运算能力已经让科学界为之震撼。此时的计算机还是十进制的，并不是我们通常认为的二进制。随后，计算机EDVAC被研发成功，它依赖于冯·诺伊曼的计算机逻辑结构的完成。自此之后，电子计算机便飞速发展起来。1963年，超文本的出现带来计算编程领域的重大突破。它使Memex的世界得以在真实世界中存在，还可以通过超链接、超文本描述数据表格，甚至开始描述数字图像时代。

与此同时，John Whitney这位著名的动画艺术家通过机械装置创造了一系列电视节目和广告，这个时期最著名的就是他于1958年与阿尔弗雷德·希区柯克合作的电影《迷魂记》。电影开始时的动画片头就是他的作品，这个片头展现出了数字图像的惊人魅力，潜在的含义无疑就是对未知领域的探索。

1963年，以二次高斯函数描绘的图像也被电子计算机呈现出来，它们的名字也很有趣，如“垂直与水平3号”“二次高斯函数”，它们是典型的通过数学函数表达式被描绘的数字图像，可以看见通过函数运算生成的数字图像由线组成，并且可以产生很多的可能性。但此时的图像是以数字手段和机械臂绘制共同完成的。这种完全的现成品模式正处在一个初级的输出阶段，但它已经对当时的审美形成了一些障碍和挑战。

同年，David C Evans于犹他州大学成立了计算机科学系，在当时是未来图形世界、虚拟现实的创建和孵化中心，这个时期出现的计算机图像几乎出于此。之后，大量的数字艺术品涌现出来。这些数字作品多在纸上出现。虽然它们都还没有显示平台，但数字生成画面的技术已经成型。我们可以看到早期数字图像的雏形，而生成它们的机器也都是体积庞大的电子计算器设备。它们在当时作为正式的艺术展览“电脑 —— 生成图像（Computer-generated Pictures）”的一部分进行展出，可以看出当时数字模型的初级阶段被公式函数运算占据，人们也会从数学科技的角度重新定义这些艺术形式。

值得一提的是美国著名的动画艺术家约翰·惠特尼（John Whitney）于1961创作的《Catalog》，通过一些计算机语言生成的抽象图像配合音乐形成独特的动画形式。如今，纽约的电影博物馆中仍然陈列着这位艺术家的创作。他20世纪中后期的作品更加成熟，创作出更多著名的数字图像作品，如Matrix 3号等。

1967年，工程师比利·克吕弗（Billy Klüver）和弗雷德·沃德豪（Fred Waldhauer），以及艺术家罗伯特·劳森伯格（Robert Rauschenberg）和罗伯特·惠特曼（Robert Whitman）推出了E A T，其主要目的是通过一系列的项目实现工程师与艺术家的广泛合作，并通过此种配合形成一种新的语言形式。这种形式无疑是前瞻性的，并且具有巨大的实践意义。

1968年，Cybernetic Serendipity“运算的意外”展览在伦敦的当代艺术研究中心盛大开幕，之后又辗转到美国的华盛顿和旧金山。这个展览主要展示关于音乐和声音进行互动的数字图像艺术。不规则线段、黑白结构等抽象的表达方式呼应了当时的极简主义。这些艺术形式弱化了作品对观众的意识压迫，把主动权交给观众，让他们做出判断。这些数字艺术从形式上秉承抽象艺术、极简艺术及达达艺术的表现传统，但以机械的形式改变了艺术创作的传统模式，人工的描绘模式已经转变为机器的生成模式。

同年，Bitmap出现，这就是被我们称作“像素阵列”的图像，它与我们如今在电脑中所看到的像素图像本质相同。发明者是道格拉斯·卡尔·恩格尔巴特（Douglas Carl Engelbart），他不仅发明了像素阵列，还开创了图形用户界面、超文本系统及网络计算机，我们现在使用的人机交互的鼠标也是他发明的。他提出一个有意思的观念，就是语言决定思维，这种观念推演出当前科技决定我们的信息处理能力和开发新技术的能力，所以要直接步入正题——信息处理。基于他的想法，计算机技术才开始在信息处理领域发挥巨大作用。系统美学的提出则大大稳固了数字美学的地位。Jack Burnham在对系统的探讨中展望了现在正在发生的数字变革，这不仅决定了在传统领域中与之冲突的部分所产生的意义，还探讨了日后发展的必然性。与此同时，伊凡·爱德华·苏泽兰（Ivan Edward Sutherland）创造了被广泛认为是第一个虚拟现实和增强现实（AR）的头戴式显示器（HMD）；而早在1963年，爱德华就开创了Sketchpad这款计算机程序，它配备了当时的电子管显示器和光电笔，此时出现了最早的人机界面。HCI则是第一个交互式计算机系统。

1970年，艾伦·科提斯·凯伊（Alan Curtis Kay）的窗口式图形用户界面（GUI）被应用在了苹果麦金塔电脑中，这标志着数字图像在显示层面上已经迈出了实质性的一步。当时的显示器为阴极射线管显示器（CRT）。

1973年，第一台可视化操作平台Alto电脑被施乐帕洛阿尔托研究中心（Xerox PARC）创造出来，它在当时是第一个把电脑的各个要素结合起来的图形界面操作系统。这时就已经开始采用三键鼠标、二位运算显示器、网络系统及图形界面。

同年还有一个重要展览“软件大展”，这是继1968年的大展之后面向世界宣布数字时代到来的一次盛会。举办地点为纽约的犹太博物馆，很多艺术家和艺术机构参与了此次盛会。此次展览宣布了与机械时代不同的计算机视觉图像艺术的声明，其中还包括很大一部分与之前时代不同的生活方式及生活理念。艺术家可以通过电子方式来表现他们的艺术。

1977年，Transmission传输工具开始被应用，把后台所有的编程信息整合成可以用来在前台实现的视觉内容。这种传输也解决了交互平台的问题，使得电脑更加具有交互性，沟通起来更加方便。由此，后台端与前端显示平台得以从两种方向发展。从1975年到1977年，艺术家基特·加洛韦（Kit Galloway）和雪莉·拉宾诺维茨（Sherrie Rabinowitz）开发了一系列名为“通信美学研究”的项目。这是通过卫星远程进行信息传输的项目，远程的内容是协作舞蹈创作，通过电视进行播放。

1977年还有一个重要展览，名为“作为场域的图像（Image as Place）”。这是与屏幕有关的一次展览，它把现象归结为真实与虚拟、自我与他者、主体与客体、这里与那里、现在与未来等几个不同的方向，并通过屏幕介绍现象学。这是一次关于实践理论的讨论和展示。此项目出自洛约拉马利蒙特大学的ART-COM实验室，这些影像后来还在美国其他院线进行过公映。

在这段时期，屏幕的出现与用户图形界面的发展使一些交互的方式得以实施。艺术家、科学家、工程师、艺术理论家广泛地参与到讨论当中，使得这一时期的数字艺术与传统有了广泛的接触和交锋。不难看出，数字图像艺术始终是与科技审美相关联的，这也促使我们在早期就建立起了一种对于数字图像的基础认识，并打破传统模式。用更为广泛的行业参与和实践来进行艺术创作是此阶段发展的重要特征。至此，数字图像的特征已经非常明显，它已经从初期只能生成的抽象的线发展到了可视化界面中大量的固定图标。众多的实践影像出现形成了初期数字图像的样貌。直至当下，人们仍对当时数字图像所展示出来的艺术审美保持探讨和展示。

三、数字图像艺术兴起

20世纪90年代，数字图像艺术进一步发展，标志性事件就是罗伯特·阿德里安（Robert Adrian）用电话线和无线电的通信方式连接了处在不同城市的艺术家，组成了一种链接形式的艺术创作。这在数字艺术史上具有划时代的意义，他也被认为是通信媒体艺术领域的先驱。与此同时，“移动电话之父”马丁·劳伦斯·库帕（Martin Lawrence Cooper）正在曼哈顿街头用移动电话的雏形与贝尔电话实验室的同行对手们联络。

经历了真空管的一代，集成电路、微处理器的二代，晶体管的三代的集成电路计算机已经把成本降低到可供消费者使用的程度。1982年，诺基亚推出了首个车载电话Mobira Senator（并没有屏幕），之后的Cityman则添加了显示屏幕。同年，多点触控技术于多伦多大学被发明，这是一种感应食指指压的多点触控技术。

1983年苹果电脑MAC的出现，使得整个计算机行业诞生了一种极具冲击力的商品。自此之后，电脑就从硬件、软件等不同方向不断变革。它也是第一代使用图形用户界面（GUI）的个人电脑，并使得我们的个人电脑相比之前体积庞大的计算机更易于使用和携带，价格上也大幅降低。当时有一张海报，描绘了一个艺术家在接触到电子计算机后，用它进行创作所产生的新的图像世界。《BIG MOMA》是艺术家施瓦茨（Lillian F Schwartz）在1984年为现代艺术博物馆创作的一幅海报。这幅海报将多个视角的图按照透视的需要进行了重新组合，形成新的图像形式，作者当时就感慨于先进的电脑技术所带来的创作上的便利性和多种可能性。

1984年，贝尔实验室研制出多于五指的触控屏幕。同时，艺术家基特·加洛韦和雪莉·拉宾诺维茨开始完善一个可以在公共场所进行自由通信的“电子咖啡馆（The Electronic Cafe Network①）”项目。此项目整合了基于网络环境的通信交流，其中包括了技术、艺术、跨语言的交流。展现的形式就是关键词搜索、实时的绘画、在视频图像上加标注，同时通过打印设备将产生的动态效果展示。

1990年，微软公司发布了第一代MPC（多媒体个人计算机），它就是我们现在所使用的台式机、个人笔记本、Pad的前身。技术的发展带来新的创作上的可能，上面提到过的电子咖啡馆组织就在不断为艺术家创作新的艺术类型提供新的机会。继电子咖啡馆之后，他们又开启了电子诗歌、远程艺术家协作等项目。

---

① 资料来自http：//www.ecafe.com/getty/table.html，The Electronic Cafe Network项目。

其中，在1991年有一个名为“信号中的图像”的项目就利用了数码桌面触控技术和多点触控屏幕影像。

最早的Pad是1992年由苹果出品的牛顿系列。2002年微软推出的带有Windows CE操作系统的Pad产品获得了巨大成功，此种大小的个人移动终端设备将成为日后触屏手机的前身。同年，诺基亚推出了NOKIA 100系列移动电话。

1994年，诺基亚推出了2100系列手机，有多种兼容的功能，并且也是第一款运行“贪吃蛇”的手机。这进一步加强了手机与人交互的实用性。1998年，诺基亚9000问世，远超当时同行业竞争对手。2007年，第一代iPhone手机诞生。这是一款集合了多点触控、虚拟键盘、拍照、Wi-Fi等一系列功能于一身的智能电话。

与此同时，很多艺术家则通过绘画的形式来表达不断“爆炸”的视觉冲击，用解构主义的方法来确定他们描绘的精神世界的异化性。这一时期比较著名的艺术家有朱莉·梅赫雷图（Julie Mehretu）。她会选择先通过电脑制作出数字图像，之后再把它还原成一幅大型的绘画作品——无论从内容上还是形式上，所采取的都是一种数字图像艺术的语言。

2010年，第一款iPad问世，手机绘画App兴起；英国绘画大师大卫·霍克尼也开始尝试用这种新的方式进行创作。2012年，霍克尼的这批iPad绘画首展于英国皇家艺术研究院（Royal Academy of Art），随后又在世界各地的重要美术馆陆续巡展。2015年，他在中国的佩斯北京画廊举办过数字绘画影像展“大卫·霍克尼在中国”。

第二节　构成数字图像艺术的两大要素

一、屏幕

以显示为分类标准的数字图像艺术基本上可被分成数字化点阵图像艺术、LED屏幕数字图像艺术、液晶等中小型显示器、电子纸、投影显示、VR、互动式屏幕显示七大类型。

1.数字化点阵图像艺术

从功能性来看，此类显示器只能显示一些简单的图形和色彩。点阵显示屏一般是由很多可以进行亮度调节的LED灯泡小单元来构成显示主体的一种显示装置，它可以用来显示文字、数字和图形，一般来讲都是一些方形的组合体。它也被称为“点阵式显示器”，其背后的工作原理在于有可以进行设置的点阵控制器的电路控制。如果是大型的点阵控制器，则会出现大量需要进行输入和储存的运算信息，或可以称之为“数字点阵图像装置”。艺术家会根据不同作品内容的需要来创作点阵图像的艺术作品。比如“齐物等观：2014年国际新媒体艺术三年展”上就有类似的艺术作品，作为整组装置的一部分，用来表现文字相关内容，并且可被进行一定的造型处理。

这种直插型点阵LED显示屏以单独发光的LED灯泡所对应的控制器为单独的发光元件，并经过一系列的操控。从广义上来说，这种通过数字控制并且能够转换为屏幕显示的功能表现为一种可发光的电子现象，并且每个发光单元都作为最终图像显示中的最小物理单位。所以此种图像的显示基于一系列LED灯泡本身的变化而带来的图像变化过程，在操作平台上则体现为一个数字化过程，所以此种类型的图像仍具备数字图像特征。利用这种材质创作的艺术作品展现了其自身单位化的显示特性，表现为一种特殊的数字图像艺术形式。在日常生活中，这种形式被广泛应用于公众媒体传播，它也代表了所在的领域对数字图像艺术的运用。（见图 4）

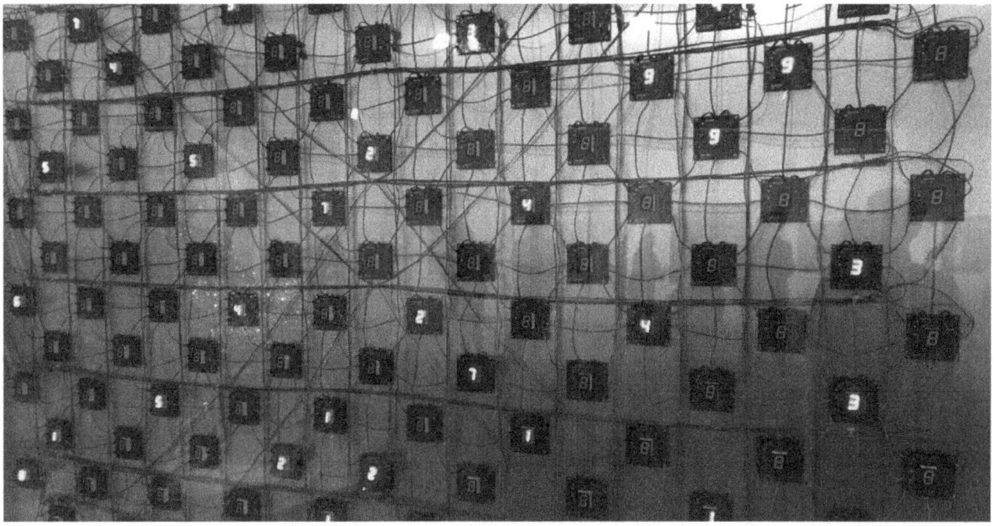

图 4　2016 年迈阿密巴塞尔艺术展的图像艺术单元所展示的作品（李光摄）

2.LED 屏幕数字图像艺术

所谓的“发光二极管显示器（LED Display）”一般指一种相较于点阵显示器画质更高、更复杂的大型显示器，其应用范围非常广泛，大量大型户外流动媒体信息显示屏均属于此类。它由红、绿、蓝三种颜色的发光二极管组成一组方形的模组，多个模组在协同驱动下形成彩色图像，分辨率由画素间中心点距离决定①。

以 LED 屏幕为创作媒介的艺术家纷纷出现。2010 年，吉姆 · 坎贝尔（Jim Campbell）的作品《乘出租车到莎拉的工作室》是一部定制的电子艺术作品，由

① 维基百科：显示器词条。

775 个LED部件组成。这部作品所展现的录像片段是在出租车内拍摄完成的。它的路线是从曼哈顿西边公路跨过布鲁克林大桥到萨拉·博斯特威克（Sarah Bostwick）的工作室的全程[①]。一组本来连贯的镜头画面，恰是由于LED作为单位元素排列的变化而产生特殊效果，在展出时整部作品形成了一种刻意的不完整性。尽管如此，人们从画面中还是可以模糊地辨认出一辆汽车经过，排列的不同所产生的不同的空间压缩也给这部艺术作品带来很多耐人寻味的成分。

在2016年迈阿密巴塞尔艺术展（2016 Art Basel Miami）上，吉姆·坎贝尔展出了另一组LED作品（见图5），这件作品更加直接地解释了创作此类作品的方式，更加直白地表现出LED数字图像作为单独元素与整体的链接关系。这也是LED数字图像作为元点创作的一次实例展示，我们从探讨内容变化转换成了探讨形式变化。这种以LED为展示载体的装置还有很多。从原理上来讲，每个发光二极管像素均为一个独立的LED部件，在技术上通过一系列集成电路和控制系统控制每一个LED的属性特征，比如亮度、色彩、轨迹等。

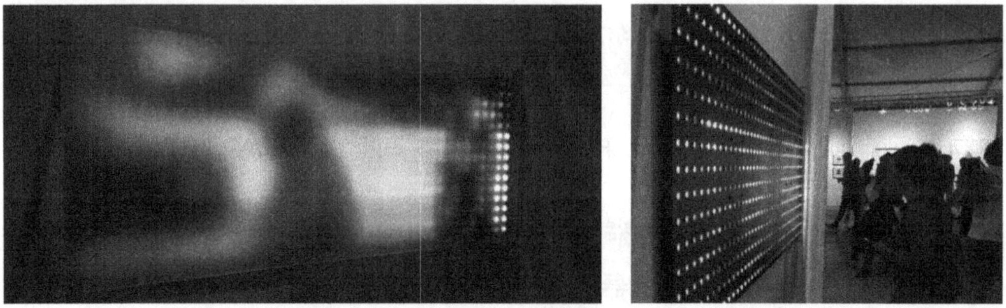

图5　2016年迈阿密巴塞尔艺术展上展出的吉姆·坎贝尔作品（李光摄）

伦敦艺术家马修·斯通（Matthew Stone）所创作的LED作品则是带有明显的抽象形式的屏幕。斯通位于迈阿密的工作室的舞台上展示了这件视听装置作

① 资料来自Jim Campbell官方网站关于Low Resolution Works的介绍。

品，它是一个由LED构成的改良过的变形屏幕，可以同布匹一样被大幅度扭曲，呈现了一个在画面中游走的人在做抽象动作的数字图像世界，并配合了德乌·海因斯（Dev Hynes）的音乐①。这是一种特殊形式的屏幕展示，它体现出了LED这种材料用于屏幕的创作的可能性。不仅如此，它如此庞大的体量也使体验产生了全新的震撼。所以，LED创作不仅有可变形的优势，还可以实现屏幕画面最大化，它在可变化性、灵活性上大大优于其他显示设备。但这并不意味着此种材料没有局限性，其分辨率在于其发光体之间的距离，所以清晰度并不理想。

当然，从屏幕柔性方面来讲还要提到有机发光半导体OLED（Organic Light-emitting Diode），又称“有机电激发光显示有机发光半导体”OELD（Organic Electroluminecence Display），具有自发光性、广视角、高对比、低耗电、高反应速率、全彩化、制程简单等优点。

综上，LED显示器的特点在于可改变其尺寸，甚至是形状。它十分便利地塑造数字图像艺术，艺术家也通过这种形状的改变来展现数字图像在物理空间中更具张力的表现形式，并结合内容融入体验。其最小单位的排列刚好可以展现出数字图像的基本像素关系，可以说它是被广泛使用的一种数字图像艺术呈现载体。尤其是OLED的软体特征也被广泛应用在小型的移动通信当中，其发展前景异常广阔。

3.液晶等中小型显示器

现阶段大部分室内的数字图像展示平台均为液晶显示器LCD（Liquid-crystal Display），它是由彩色或黑白像素组成的平面薄型显示设备。液晶显示器功耗低，尺寸小，显示清晰，因此受到工程师们的青睐，并把它运用到更多显示领域当中。最早提出“液晶”概念的是奥地利化学家弗里德里希·莱尼泽，他发现液

① 资料来自马修·斯通个人网站中的Performance项目。

晶有特殊的物理特性。直到20世纪70年代，经过美国、瑞士等国的研究小组及实验室的研发，世界上第一台液晶显示器出现了。1973年，夏普公司率先把它应用在民用级别的电子计算器及电子计算机当中[①]。

液晶是具有流动特性的一种物质，所以只需外加微小的力量，即可使液晶分子运动。有意思的是，在触摸液晶显示器的时候，屏幕会像水一样流动，与在一个压缩空间内实际的液体性能一样。

类似于液晶显示器的还有等离子显示器（Plasma Display Panel），它是一种平面显示屏幕。等离子显示器并不是液晶显示器，液晶显示器多采用荧光灯或者LED作为背景主光光源，等离子显示器的原理则为在显示玻璃板之间注入混合气体并施加电压，利用荧光粉发光成像。它有颜色更加艳丽、对比度更高的特点。

此种类型的显示器还有一部分应用了DLP数字光处理技术（Digital Light Processing），它是一项应用在投影仪和背投电视中的显像技术，利用一种“色彩复合”使每种颜色连续地呈现。

CRT阴极射线管（Cathode Ray Tube）利用电子束扫描显示屏而点亮影像。如果采用隔行扫描，一个单一的全画面影像会导致两次闪烁[②]。CRT由于体积过于庞大，在现阶段逐渐走出了人们的视线，但是一些特殊行业还在继续应用，它具有颜色准确、还原度高等特点。CRT作为显示工具，明显带有时代象征意义，它是一个时代的产物。

现在大多数的数字图像作品都以中小型显示器为载体，这种形式成为展览展示的常态。在展览之中，艺术家对展示的内容尤为关心。因为显示的内容不同，所以艺术家关心的呈现质量也有所不同。一般的数字图像艺术在展出时往往在限定的尺寸内进行投放。如果没有特殊要求，很少考虑到应用巨大的液晶屏幕或者

① 维基百科：液晶显示器词条。

② 维基百科：DLP、CRT显示设备词条。

等离子电视。但是所有的LED及LCD都是发光的，这就是吸引注意力很重要的特性，尤其在一个黑暗空间或封闭空间内，这种强刺激感和新吸引力尤为明显。它会在一定范围内把观众的注意力引到屏幕中来，使观众主动地探索它所呈现的内容世界。发光的特性会使人忽略其自身发光设备之形态，这也是它与其他艺术形式展示手段的区别。

4. 电子纸

电子纸（Electronic Paper）是一种显示器技术，它实现了电子技术对真实纸张的模仿。它是一种非自发光显示系统，需要通过环境光照亮，让人们体验在阳光下也可以看到清晰的数字图像。其对比度在所有显示器中也是比较高的，但是它在图像转换的时候会留下之前图像的残影，这是目前在播放过程中的一个瓶颈。

2012年，由策展人付晓东策划的多重世界“Also World”北京国际青年艺术周上展出了陶娜的作品《媒体制造》，采用的就是中国人发明的具有高分辨率显示的赛伦电子纸屏幕。它使用微处理器进行图像转换，成像率非常高。其核心技术是电子纸技术，基本原理是悬浮在液体中的带点纳米粒子受到电场作用而产生迁移。赛伦纸具有能耗低、清晰度高等特点，其耗电量比反射式液晶或透射式液晶显示屏都要低①。在国际上，彩色电子纸已经开始商业性投产，但只能显示上千种颜色。现阶段，电子纸显示器已经实现了黑白影片的播放，但因为受到材料的限制，丰富色彩的呈现方式还处在研究中。

电子纸主要的特征是模拟了纸的效果。因为它实现了细腻、逼真的呈现，已经被广泛应用在可视化阅读器领域。它也是一个仿真的研究项目，数字图像在此领域中也努力尝试在纸的模仿中获得存在的另一种途径。

---

① 百度百科：赛伦纸词条。

5.投影显示

从投影装置的复杂程度及体量上来说，2016年MOMA PS1展出的摩洛哥艺术家梅内姆·本纳尼（Menem Bennani）的投影装置作品《Fly》可以说是此种类型的代表。作者基于自身不同的文化教育背景，通过作品展现出了人类行为的普遍特征与当代数字媒体的视觉特征结合的表达方式。这两种完全冲突的特征并置，造就了一个真实又充满了虚拟元素的世界。整场投影装置展览充满了仪式感。多投影展示和合成视频内容打破了原本常规的叙述模式，配合几何结构的展示空间，加深、丰富了内容的层次，使作品在视觉上非常有效地赢得了观赏者更多的注意力。它的投影装置被设置得非常巧妙，结合了整个环境而设计了高低起伏的投影板，有的是圆形，有的是方形，有的甚至还是阶梯形状。除了四周的墙面，还配以垂直投放影像的装置。使得整个空间根据投影内容被划分出了不同区域，这也为作品的主角——一只可以跨屏舞动的苍蝇提供了场所转换的空间隐射。于错落中，作者巧妙地针对每个区域进行特殊的内容呈现及屏幕结合，甚至投影装置的屏幕下出现的阴影都是被精心设计过的，出现的位置及形状恰到好处，一些背光局部则被处理成各种色块。这成为投影的一种空间表达形式、内容与形式相得益彰的精彩范例。在此作品中，苍蝇作为一个贯串内容和形式的线索，把观众的目光从一块屏幕带向另一块屏幕。作者也借此表达了跨界的自由，以及从多维度看待这个世界，以期创造出一种跨文化的链接[①]。（见图6）

① 资料来自MOMA PS1展厅中艺术家展览介绍。

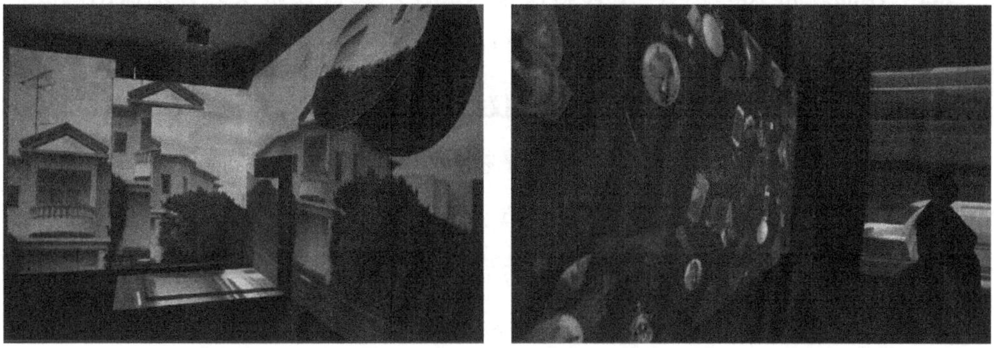

图6　MOMA PS1展出的梅内姆·本纳尼投影装置作品局部（李光摄）

从肌理与投影的关联性来讲，在2016纽约的PACE新展览上，罗夫纳（Rovner[①]）新个展“夜晚”是比较突出地表现了投影环境对于作品展现的重要性的一个范例。“夜晚”展示了在黑暗的夜间狼群出没的一些缓慢的动态图像，捕捉在夜晚中一只狼或几只狼的某个时刻。作品展现了一个狼的生存维度，整个展览营造出一种恐惧而警觉的感觉[②]，但又极富诗意。作者想表达的不只是一只狼或几只狼的状态，我们还可以从作品的展出形式上看到，艺术家罗夫纳在中间展厅中巨大而深暗的投影墙上制作了犹如洞穴内部的丰富肌理，将肌理与影像结合，营造出一种原始的意象，使得整个展览的深层意义变得十分耐人寻味。这也正是投影与真实墙面肌理空间所表现出来的魅力。在此之前，罗夫纳还多次用类似于叠影的方式来拍摄人行走的叠合画面，之后再重新组合到另外一张图片中，形成复杂的构成关系。这也成为艺术家独有的视觉语言和标志性表现形式。不仅仅是墙面，还有山石之间的投影、投射，树冠之中的投影、投射等，背景肌理环境不同，展现出来的形象也会产生不同的变化。

从数量上来说，2014年10月在中央美术学院美术馆展出的罗曼·塞纳（Roman

① 英文人名翻译参考比目鱼在线英文人名翻译词典。

② 资料来自佩斯画廊关于Michal Rovner：Night的介绍。

Signer）作品就将100多台小型投影仪布满展厅。每台投影仪会分别播出两到三个影像作品，共选择了塞纳1975年到1989年创作的205件作品。2014年8月，他在杭州的展览也将100多台小型投影仪沿着二楼的圆形展厅围成一圈。投影大多三四十厘米见方，高度基本位于水平视线，横竖视图交叉错落，构成了全景环幕带。早在2012年初在瑞士阿尔高美术馆（The Aargauer Kunsthaus）举办的塞纳个展同样展出了36件他创作于1975年到1989年的Super 8录像，只是展陈形式截然不同：投影屏幕挨个平行，在600平方米的展厅中铺陈开来，更接近美术馆的传统布展。与之相比，2014年8月的小型投影大多颗粒粗糙，时常出现花屏，失色、失真，挟带着陈旧的时间痕迹①。此种显示方式主要为了呈现出艺术家一段时期的作品内容，它为呈现出艺术家的作品脉络提供了较大的展示空间；或者为了在同一主题下将多个风格迥异的作品并置呈现，这种方式为主体不同侧面的展示提供了更多的可能性。

6.VR

VR呈现，现阶段仍然需要借助辅助的头盔来进行。这并不是一种没有限制的体验系统，但在这套体验系统中数字图像已经作为主要的视觉来源，形成了全景式的虚拟世界。这种世界不仅表现为用数字生成“世界”，还表现为通过数字的方法来拍摄、制作被创造、拼制的世界。它是通往虚拟的所经之路。

纽约的新博物馆（New Museum）2017年的首展“第一眼：艺术家的VR（First Look：Artist’s VR）”就是一个虚拟现实展览。

参加这个特别的展览活动的有杰里米·库埃尔、杰森·穆森、彼得·伯尔、罗切尔·罗辛等艺术家，他们的作品反映出VR作品创作的独特的可能性，并挑战了传统媒体。“第一眼：艺术家的VR”作品展展示了虚拟现实中数字动画的几

① 资料来自Ran Dian网站《罗曼·西格纳中国首展近日于中国美术学院美术馆开幕》一文，作者顾灵。

种实验方法，呈现了解构视频游戏角色所出现的不可思议的场景，或一个突变迷宫充满了扭曲的数字环境，等等[①]。

数字图像在此阶段被理解为一种拓展的手段，数字图像领域不断扩大被认为是承接传统类型创作的重要形式之一，这也就慢慢建立起了数字虚拟实景的基础。但在显示过程之中，目前还需要佩戴头盔以进入虚拟实景世界。我们可以沉浸在这个虚拟的世界之中，逐渐接受这类数字图像具有的意义，通过创作空间表达对这个虚拟空间的致敬。

7. 互动式屏幕显示

可触摸屏幕属于一种手指或者胶笔头等接收触头发出的信号被屏幕上的压力板进行动态追踪的装置[②]，它可被设置在任何屏幕之上，并且通过红外感应装置隔空与屏幕中的内容进行互动。

2015年4月，佩斯北京展览大卫·霍克尼“春至”展出了一系列大卫·霍克尼用iPad进行绘画的作品。此展览“描绘了位于英国东约克郡的沃德盖特地区的风景。在洛杉矶度过数十年后，这位一生叛逆的英国艺术家决定搬回英国约克郡的乡下，并重新点燃了心中对这片风景的热爱。这些画作记录着沃德盖特地区风景的细微变化，反映出霍克尼敏锐而细腻的观察力。大卫·霍克尼的这批独特的iPad画作代表着艺术家对笔触、线条运用的新思考。霍克尼在他73岁高龄的时候拥有了第一台iPad，并很快掌握了用它创作的技巧。‘我在iPad上作画的时候脑中就规划好了它被印刷出来的特定尺寸’，霍克尼说，‘所以针对不同情况，我笔触风格的运用会大有不同’”[③]。

可触摸屏幕奠定了数字图像创作生活化的可能，艺术家可以随时、随地进行

---

① 资料来自新美术馆展览信息 First Look：Artist’s VR。

② 维基百科：触摸屏词条。

③ 资料来自佩斯画廊中国官方网站的关于大卫·霍克尼佩斯北京展览的介绍。

数字化创作，灵活、便捷的操作模式和丰富的细节可能性增加了艺术家对数字图像艺术的喜爱。2016年，艺术家赖巍在JUER SPACE（居菊矩聚空间）的个展上展出的通过数字图像转印的艺术微喷作品也利用这种形式表达了她所理解的数字语言的特殊性。可以看出，这种可触摸的感官体验，以及数字材质所构成的特殊场域形成了一种更具互动性的数字图像语言的表现形式。（见图7）

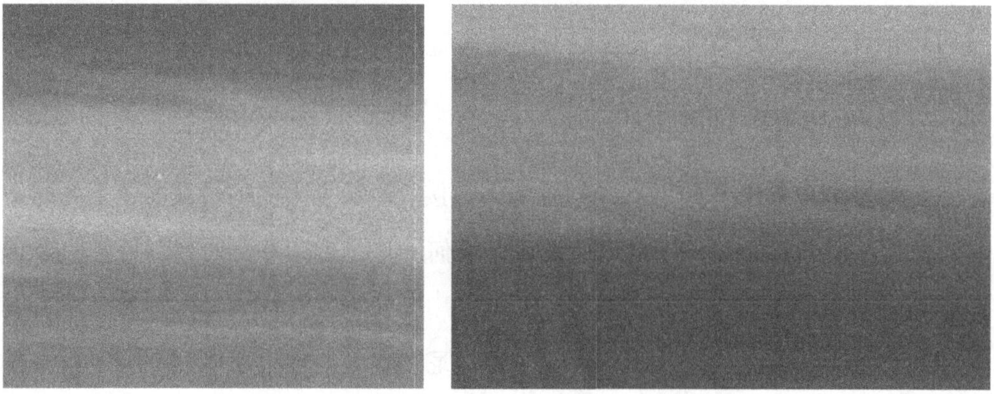

图7　艺术家赖巍的“场域”系列作品（李光摄）

如今，大多数智能手机屏幕为可触摸式屏幕。触摸屏的出现对于数字图像的发展和体验都是一个崭新的阶段。我们通过如Sketches、Paper、Art Set、Sketchbook、Procreat、Brushes Redux、MediBang Paint等App实现了在触摸屏上画画；在体验数字图像的时候，可触控性也具有了革新性的意义。它增加了另一种空间存在的可能性，人们也越发感到此项功能为进一步进行全方位数字图像体验做出了前期测验。在此种可触摸平台上，屏幕可以被用来做真实的涂抹操作、放大或缩小操作、修改操作等。这对数字图像的“真实化”来说，都是一种可供操作的基础。

二、像素

像素（或像元，Pixel）是数字图像的基本元素。像素是在模拟图像数字化时对连续空间进行离散化而得到的，每个像素具有整数行（高）和列（宽）坐标，同时，每个像素都具有整数灰度值或颜色值。从定义上来看，像素指基本原色素及灰度的基本编码。像素是构成数码影像的基本单元，通常以像素每英寸（Pixels Per Inch）为单位来表示影像分辨率的大小①。像素以小正方形、点或线的形式出现，被组织成网格系统，以标准格式输入电脑，甚至被打印出来。

1.像素是数字图像的最小单位

拉塞尔·基尔希（Russell Kirsch）在1957年创造了世界上第一张扫描数字图像，他也被认为是数字图像的创始人之一。最早的像素被认为是正方形的，有相同的长和宽。由此就出现了像素的最小单位，不管我们通过什么设备进行获取，都不会改变这样的事实。

在现实世界的自然观看中，视觉体验是一种全方位的观看体验，并不存在最小单位。对于物理上的最小单位，如果不借助工具，肉眼是无法观察到的。相较而言，在数字世界中，像素是数字图像呈现的基础，是数字成像的基本单位，由单色的正方形表示。像素总是大小相同，并且总是按有序的网格排列，这有别于观看传统艺术。就每英寸承载的像素量而言，数字图像中单位像素出现得越多，图像就越清晰（例如Retina屏幕所呈现的超细腻的画面效果）。从硬件上说，显示形式和手段还在不断演进，高分辨率的显示器正不断被改进，以期呼应肉眼的极限。

艺术家本杰明·格罗瑟（Benjamin Grosser）在Flexible Pixels Project项目中就应用了拉塞尔·基尔希这种对像素的定义来进行艺术创作。在此项目中可以看

① 资料来自雷峰网原创文章：张召林《关于手机摄像头：像素与插值》。

到在像素的基础单位发生变化时所带来的数字图像的构建的基础元素的改变，同时也改变着显示器所呈现的数字图像效果。Benjamin Grosser的这个艺术项目为一种可变互动作品，观看者接近摄像头可在屏幕上看到自己。由于其构成屏幕的像素的大小是动态变化的①，观者在屏幕上看自己的影像的过程也会被像素块的流动干扰。

另一件代表性作品是戈登·陈（Gordon Cheung）的《E J Eelkema II》。艺术家很喜欢运用各种手段，包括拼贴、涂抹，甚至是后期制作来表现一种在新技术手段下对传统艺术的介入，之前我们所提到过的在传统绘画作品中那种缺少最小呈现单位的现象，在他的作品中则再一次被放大了。他对一张传统油画进行数字翻拍和电脑处理。图像中的像素被重新进行排列之后，一部分形成了“像素瀑布”，从油画中被拉伸出来；花瓶里古典风格的花朵展露出了虚拟像素化的特点。

数字技术手段提供了一种对传统艺术进行介入的可能，这种每个单位像素都可以被修改的另类表达方式所展现的效果体现为对像素重新排列又形成的一种新的组合关系，进而产生另一种新的空间形式。这种古典与数字语言之间的转译与碰撞产生了一种全新的兼容和张力同时具备的欣赏体验。

2.像素画与矢量图

在数字图像中的两大类别——位图和矢量图当中，像素画以位图（Bitmap）的形式，已经从最原始的电脑图像表现方法演变成了一种独立的数字艺术创作风格。此风格通常被人称为“像素艺术（Pixel Art）”，有时也被称为“点绘（Dot Art）”“点图”“点画”“像素图”“Dot绘”等②。其应用属于位图领域，它被应用到了数字图像中，用像素这个最小单位进行创作。它经常被用来制作图标和早期游戏。也有大量的艺术家投入此领域，并且创作了大量的像素类作品。像素的

① 资料来自本杰明·格罗瑟关于Flexible Pixels的介绍。

② 维基百科：像素画词条。

数据可以在计算机上以多种方式被创建。艺术家们也可以在Photoshop中选择把数字照片像素化，可以使用“像素化”和“马赛克”等滤镜来改变数字图像像素的组合量级。在Photoshop中，用户也可以选择“像素大小”增加或减少照片的像素的数量。像素画曾经在21世纪初非常流行，当时的移动显示内容大多以像素画的形式来展示。如今，一些表情符号中也有像素图画的“身影”。

谈到像素画，一定会提到另一种数字图像形式——矢量图。矢量图形是计算机图形学中用点、直线、多边形等基于数学方程的几何图元表示的图像。矢量图形与使用像素表示图像的位图不同，所有的现代计算机显示器都要将矢量图形转换成栅格图像的格式，将包含屏幕上每个像素数值的栅格图像保存在内存中。如今，矢量图形这个术语主要用于二维计算机图形学领域，它是艺术家能够在栅格显示器上生成图像的几种方式之一。另外几种方式包括文本、多媒体及三维渲染。从实质上而言，所有如今的三维渲染都表现为二维矢量图形技术的扩展。工程制图领域的绘图仪仍然直接在图纸上绘制矢量图形①。

出生在日本神奈川的艺术家村山诚也创作了关于矢量图像内容的作品。首先，他选择植物作为他的描绘对象，并对花进行解剖，用放大镜观察。其次，他以剪影和照片记录被解剖的花。然后，他使用3Ds Max（3D CG软件）对其形式和结构进行建模，使用Adobe Photoshop将各个单独的部分创建并组合，最终在大型打印机上打印出来。作品无不体现了极度科学的意识：正确固定、精准测量、严格指定和明确显示。他创造的不是简单的植物形象，而是代表了智力的力量、可审视自然的精细工具。这项工作的透明度不仅指花朵的清晰花瓣，还把世界看成透明的（可以完全看到的、完全掌握的）物体。矛盾的是，衡量宇宙的这个科学挑战可能最终成为源泉之一。村山诚的艺术具有幻想和浪漫主义气息，成为Botech艺术的一部分，植物艺术与技术共生②。矢量图的力量来自严谨的形式，

① 维基百科：矢量图词条。

② 资料来自疯狂画廊关于村山诚作品的介绍。

矢量图可以带来此种缜密性的思维和观看模式，从而形成一种与极简相关的形式语言，但细节更加复杂，也更加准确。精确到接近于不通情理的模式态度，反而给这些创作带来了一种新的科学式的生命力。（见图8）

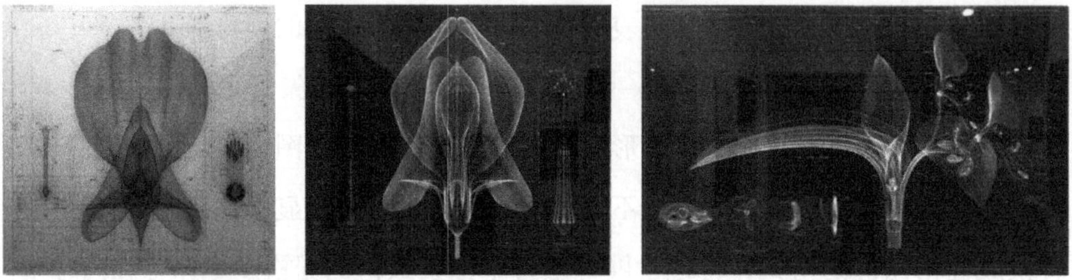

图8　2016年迈阿密巴塞尔艺术展上展出的村山诚作品（李光摄）

由艺术家亚当·布鲁姆伯格（Adam Broomberg）和奥利弗·查纳里（Oliver Chanarinrhe）于2013年创作的作品《Spirit Is A Bone》呈现的内容展示了由俄罗斯政府研发的通过精密的四透镜的面部识别系统，在公共场所和交通领域辨认人脸并创建肖像模型。此系列创作始于20世纪初，它有别于传统的图像通过照片识别人脸来实现分类的方法，而是通过三维扫描形成一个矢量模型，再与所拍摄的位图照片结合。由图9可知，因为三维模型为矢量模型，所以在其边缘能够明显看到矢量图的特有边缘，而在位图的材质贴图部分与模型的衔接上就会出现不太一致的现象。在这些作品中，我们可以看出形式之间不和谐造成的视觉上的错位和不适，当然，这也反映了技术手段在捕获的图像之间、组成模型与实施监控之间巨大的难以调和的矛盾。这种矢量图在与位图进行贴图重合的时候呈现出的不和谐状态也体现出了位图和矢量图在数据处理方式上的不同，以及背后的观念的不同，它们背后的深层含义则成为一种可以用来表达的艺术形式和手段。

图9　亚当・布鲁姆伯格、奥利弗・查纳里作品《Spirit Is A Bone》（李光摄）

3.像素的其他应用

2016年8月，位于纽约的250 Bowery路上的国际摄影中心（ICP）展出了以“公共、私人、秘密”为主题的图像展。策展人波林・威尔玛（Pauline Vermare）首次亮相展会和活动计划，探索当今社会隐私的概念，并研究当代自我认同如何与公众的知名度联系起来。策展人夏洛特・科顿（Charlotte Cotton）说，“公共、私人、秘密”的非分层组织允许以完全独特和意想不到的方式在摄影和视觉文化的多样性之间进行对话。其中一件作品就是艺术家约翰・霍克（John Houck）研究1966年米开朗基罗・安东尼奥尼的经典电影《放大》中的片段。他通过面部识别软件对《放大》电影的画面、场面进行测试，其中很多被识别出具有面部特征的方块在屏幕上闪烁，计算机识别程序误认为是面孔，但通常以失败的形式反映了此种矛盾，有时甚至有一种极为荒谬的图像出现在识别系统中。艺术家把这些识别的图像标记在电影画面中，创造了一种体验，通过它来表现数字图像识别系统在打破、重置社会和个人隐私时所起的作用。他所采用的就是通过分析像素之间的图案信息来获得此种创作的一种方法。（见图10）

图10 “公共、私人、秘密”图像展约翰·霍克作品（李光摄）

与之相反的一位艺术家扎克·布拉斯（Zach Blas）也创作过关于面部识别图像的作品，但他主张的是取消可识别的部分。作品《Facial Weaponization Communiqué：Fag Face》面部模型套装（2012）主要表现为一种“抗生物识别面部系统”——参与者通过一种面部数据建模的车间制作“集体面具”，这种无定形面具导致无法通过生物识别系统被识别、检测为人脸。这些面具被用于公共干预和表演。其主要美学意义在于：第一，Fag面具由很多男人的脸的生物统计数据生成，表现为与快速面部识别技术和这种确定方向的科学研究的一种对抗。第二，面具探讨了生物识别技术不能检测黑而暗的皮肤作为种族主义提出。第三，面具将女性主义的关系与隐藏和不可察觉性联系起来。（见图11）

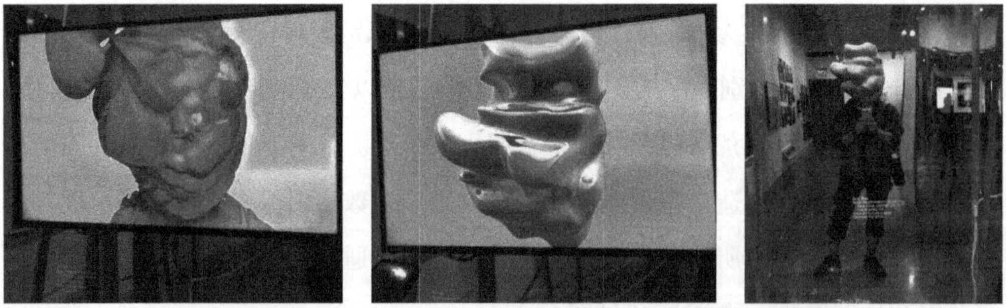

图11 “公共、私人、秘密”图像展扎克·布拉斯作品（李光摄）

屏幕与像素所构成的数字图像艺术能轻易呈现出其背后的空无本质，构成了这种艺术的整体氛围。在这一氛围中产生了与之对应的艺术，这些艺术也同其他的艺术形式一样，对应了与此并行的时代氛围和人的关系。

在通往数字图像艺术的道路上，我们不难看出，对数字图像的承载体和数字图像内容呈现的基本单位来说，它们是可以通过各种方式进行转换的，它们之间体现为联通的关系，它们也是呈现数字图像不可或缺的重要组成部分。这成为我们认识数字图像艺术的基础。

第三节　数字图像在当代艺术创作中的实例研究

除了电脑中已有的界面符号、操作平台可视化窗口等原生数字图像符号系统形成的数字图像，也有更多的数字图像是被编程、编译出来的。同时，还有一些是被软件加工出来的数字图像，当然，也有一些是在实验中形成的数字图像。它们构成了数字图像艺术一个大的内容范围。这里面会涉及一些关于创作的语言形式及其背后关于数字图像艺术形式的思考。

一、数字图像艺术加工平台

1.计算机图像处理

数字图像处理即使用计算机对数字图像执行图像处理。图像处理是对图像进行分析、加工和处理，使之满足视觉、心理及其他要求的技术。图像处理体现为信号处理在图像领域的应用。目前大多数的图像是以数字形式存储的，因而图像处理在很多情况下指数字图像处理。此外，基于光学理论的处理方法依然占有重要的地位。图像处理是信号处理的子类，与计算机科学、人工智能等也有密切的关系。传统的一维信号处理的方法和概念很多仍然可以被直接应用在图像处理上，比如降噪、量化等。然而，图像属于二维信号，与一维信号相比，它有自己特殊的一面，处理的方式和角度也有所不同[①]。一些处理软件都具有一定的审美可能性。比如说在无人驾驶的汽车的可视化界面中就有一些简单、抽象的可识别图像呈现。不仅如此，在众多软件互动界面中均有与人进行互动的数字图像。尽管它主要作为辅助功能存在，但亦是一种艺术创作元素。

微软在很早就研发出了Kinect技术，应用于Xbox 360和Xbox One主机的周边设备。玩家不需要手持或踩踏控制器，而是使用语音指令或手势来操作Xbox 360和Xbox One的系统界面。它也能捕捉玩家全身的动作，使玩家用身体进行游戏，带给玩家“免控制器的游戏和娱乐体验”。此设备是微软研究院的研究成果之一[②]。还有一些团队尝试用另一些不同的方式创作数字图像艺术作品。比如《无论》的宣传片尝试了景深测量（Depth Sensor）的拍摄技术，在传统二维的摄影成像以外，用XBox的Kinect把拍摄对象的三维信息融入影片[③]。他们把现实中的人进行扫描，而利用硬件的计算缺陷展示出不完整的扫描图像。但一些宣传片对此种图像大量应用，形成了独具特色的感官体验。这种形式是在数字图像处理中通过计算机处理深度图像、扫描现实物体所呈现出来的一些特殊效果来进行艺术创作的一种方法。

2. 数据可视化

节点式编程vvvv是一个混合的视觉/文本直播节目编排环境，便于原型设计和开发。它被设计为便于处理具有物理接口的、具有实时运动图形的、可以与很多用户同时交互的音频和视频的大型媒体环境，负责其发展的是vvvv集团[④]。

① 维基百科：图像处理词条。

② 维基百科：Kinect词条。

③ 资料来自OF专访3DROPS STUDIO创始人、纽约独立电影人黄沙。

④ 维基百科：vvvv词条。

而另一种Maxmsp是由位于旧金山的软件公司Cycling'74开发、维护的音乐和多媒体的视觉编程语言。在其历史上，它被作曲家、表演者、软件设计师、研究人员和艺术家用来创建录音、演出和安装。Max程序是模块化的，大多数例程作为共享库存在。由于其可扩展的设计和图形用户界面（GUI）代表同时呈现给用户的程序结构和用户界面，Max已经被描述为用于开发交互式音乐演奏软件的通用语[①]。

了解代码逻辑的程序软件是Processing，通过它可以创作出不同种类的数字图像艺术作品。数据可视化就是将现有的数据输入制作可视系统的程序当中。数据变化，图像也随之进行改变，这是在交互系统中非常常见的操作方式。互动编程艺术家裴峰创作了很多数据可视化的作品，在可视的过程中充分展现了数字艺术的美感，并且与更多的观众进行互动分享。

数字编程大幅度增加了数据变成可视化图像的种类和数量。可以说，它加深了观众对抽象的理解，编程语言交流所生成的数字图像让我们在观看图像的同时有了更加明确的判断，为未来对某种行业、事物的选择提供更多的可能性。笔者也愈加确信在未来的表达诉求中程序、系统、人工智能与人表现出的一致性，以期待在一个封闭空间内创造出一个未来虚拟世界，甚至是存在于想象空间维度的结合体。

3.后期合成软件、三维软件等编辑的数字图像

早期的数字艺术家经常使用这些软件创作数字图像艺术。艺术家萨姆·伯福德（Sam Burford）创作了“20世纪顶尖电影系列”作品。Burford的艺术实践源于他曾经在电影和电视制作领域的工作经验，他在伦敦切尔西艺术学院攻读博士学位时实现了这些想法。随着电影在其生产、内容和交付中变得越来越数字化、

---

① 维基百科：Max（software）词条。

非物质化，他回到物理世界的物质根源。通过使用各种媒介，如3D打印、绘画、视频和延时摄影，Burford重组传统电影形式，创造了描述四维Spacetime的新合成作品[①]。这体现了用后期软件把电影中各个镜头画面重新组合的一种方式。可以看到这种组合意在表达一种对庞杂的电影时空的一种整体观察，直接把所有我们在观看电影局部时的视觉残留画面进行呈现，并用延时的方式进行图像采集。

笔者在2013年创作的大部分数字作品基于同样的想法。《求同存异 —— 不存在的人们》的照片是在工作的时候得到的。这些照片都是用来证明被拍摄者身份的。尽管每个被拍摄者身上所具有的特征非常明显，但他们的脸在笔者看来是如此的陌生。这让笔者联想到我们对事物和人的看法，于是创作了这个系列的作品，想通过对脸部五官进行互换和重新组合塑造出新的形象，通过数字技术，观者会相信这些形象也是真实存在的。笔者大量用后期处理的方式削弱人的皮肤特征，让纹理更统一，使五官之间的替换更加顺利；把每个人的头发、睫毛和汗毛都消解掉，并且想把能体现人自身欲望的东西全部去掉，把这种形象作为一种引入，使大家相信所看到的，并进行判断，但在判断后瞬间发现对“存在”的判断基础是虚假的。认识的偏移使得我们对事物的看法存在差异。存在与不存在，纷乱、复杂的世界，不存在的人们交织在我们的世界中，五官互换，男女互换，特征在无意义中消失，而无意义又变成了存在。他们就是不存在的人们，而我们也就是他们，只能求同存异。另外，笔者用拍摄时相机生成的编码作为这些重新组合的面孔的作品名称，以此模拟似乎存在过的身份证明。（见图12）

① 资料来自Fiumano Projects官方网站关于艺术家萨姆·伯福德的词条。

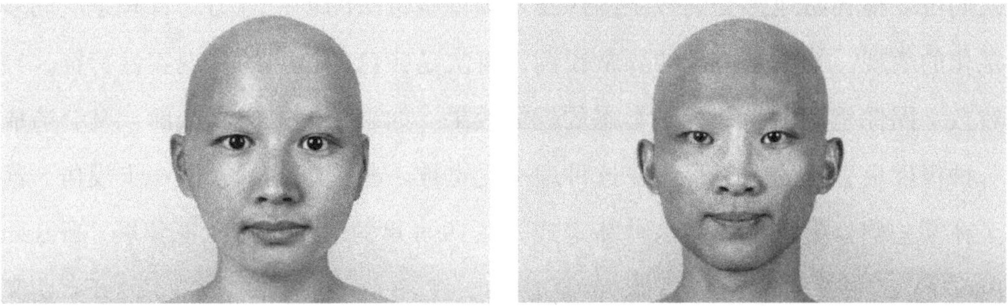

图12 笔者创作的作品《求同存异——不存在的人们》

数字后期处理在表现这样的作品中有了充分的用武之地，它可以风格化地表达，也可以跟随艺术家的意愿进行更多相关层面上的处理。这也涉及人本身对科学技术与艺术之间的协同合作关系的态度。

二、数字图像艺术实体化

1.内容与形式多元化

杰里米·罗茨坦（Jeremy Rotsztain）通过计算机图形语言想象并设计出彩色场绘画。最终的作品展现形式为数字打印及生成动画和虚拟现实。罗茨坦解释说："画家希望观众沉浸在他们的大型画布上，我发现我可以使用虚拟现实创造身临其境的体验，使用全新的数字表达方式达到类似的目标。"罗茨坦使用算法来构建他的作品，编写模拟绘画的软件。软件的构建和动画形式使它们的元素对比，扭曲、折叠和变形感加强。计算机编程用自身的函数作为播放参数值，通过计算生成的随机组合形成了新的图画①。

在计算机生成的数字图像类型中，编程语言创造了多种风格的语言形式，

① 资料来自Upfor官方网站关于Jeremy Rotsztain Electric Fields 项目的介绍。

我们可以很容易地感受到数字图像技术类型所带来的创造魅力。首先是空间多维化的表现，其次是边缘的异常锐利，再次是颜色的极强的非现实性特征，导致数字图像呈现出一种异于常态的视觉效果。如果选择打印到纸面，又会造成一种极度扁平化的效果。现在这种扁平化也被一些传统艺术家进一步模仿，甚至在某些创作中已经成为一种新定式。在1996年的第二届亚太三年展“Present Encounter”中，村上隆以作品《MR DOB》发表了“超扁平宣言”。他开宗明义说道：“将来的社会、风俗、艺术、文化都会像日本一样，变得极度平面（Two-dimensional）…… 今天，日本电玩和卡通动画最能表现这种特质，而这些又在世界文化中具有强大的力量。”[①]而此种现象如今已经被数字图像所展现出来的技术风格代替，并成为这种语言体系更好的代表。

2016年，在纽约的布鲁斯·西尔弗斯坦画廊（Bruce Silverstein Gallery），老一辈抽象艺术家阿尔弗雷德·莱斯利（Alfred Leslie）再次利用数字手段来创造作品，此展览被称为Pixel Scores，内容是以从文学中提取的相关角色绘制的数字肖像。莱斯利在接受采访时说：“我喜欢把一切都视为自动的手法，以大规模不成比例的状态置入数字图像当中去，它们都混合在这些像素当中”[②]。我们可以看到画面中基于原始图像进一步创作的部分使用了多种手法，包括绘制拼贴在一起的各种图像元素。通过这些，观者可以明显感受到有着拼制痕迹的数字图像艺术作品具有了一种极具表现力的时代特征，从而极为迅速地体验到那些不够精细的细节带给整个作品的刻意的不完整性。（见图13）

---

① 维基百科：村上隆词条。

② 资料来自Nycartventures官方网站阿尔弗雷德·莱斯利的文章《The Toast Is Burning》。

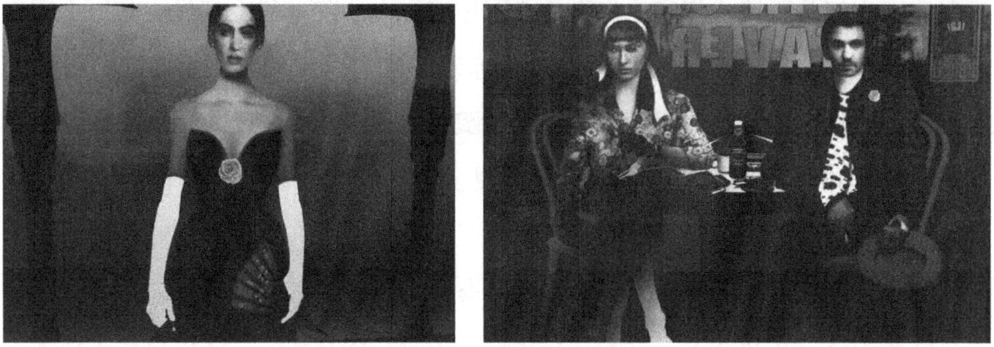

图13　在布鲁斯·西尔弗斯坦画廊拍摄的阿尔弗雷德·莱斯利作品局部（李光摄）

而路易斯·吉斯佩特（Luis Gispert）认为他的工作基于美学理念，交织着摄影图像的理念，以及对景观摄影中的风景融合。与他的一些同行艺术家不同，他对被完美再现的风景没有兴趣；相反，它以粗糙的衔接给予作品新的活力。吉斯佩特把观众“放在汽车或卡车的后座”，带他们“游览加利福尼亚沙漠”[①]。这很像一种视频游戏，在游戏中，观众被带入一种特定的场景，从某个既定的角度去欣赏数字图像艺术所带来的综合感官刺激。一种不连续的甚至是粗糙的画面会提供新的观看切入点。

由埃米莉·布劳特和马克西姆·马里昂于2013年创作的灯箱作品《Bliss（La Colline Verdoyante）》则是围绕着Windows XP的默认壁纸——被认为是世界上最常见的图像展开的。Windows XP的默认壁纸照片是1995年在纳帕谷由查尔斯·奥雷尔拍摄的，自2001年发布以来，它已经产生了令人难以置信的量变和质变。景色在原始照片的地点被翻拍后，又被各种艺术家通过绘画、拼贴画、再次拍摄等手段进行再创作。它们组合在一起时产生了惊人的效果，原始图像的样子已经几乎不可能被找到——它被淹没在了各种叠加的拷贝品的海洋中。Bliss

① 资料来自Out of Focus Photography项目关于路易斯·吉斯佩特的介绍。

项目表现为双凸透镜式打印，将十几个图像混合在一起，每个都代表其历史和不同类型的变化。这些风景图片被再次精确地定位，以实现数字图像重叠时最大可能的一致性，但观众永远不能真正地看到所有这些合并的图像①。海量图片的累积使得原本的图像消失，取而代之的是复合图像带来的无所辨识的无所适从感。这并不需要观众去辨识，而是让观众反思更多关于在图像爆炸时代模糊的图像边界已经形成了一种使人无法辨别的状态。此种类型的数字图像艺术作品具有一种递进关系。在技法上，首先在拼接过程中进行图片修改，然后更加主动地编辑数字图像累积所呈现的一些变化类型，并且把更多的难以预见的裂痕和缺陷都变成可被混合欣赏的一部分。这种复合叠加所呈现的画面感确实与真实世界相差很远，最后的极端状况则会成为一种无法描述、辨识、分析的数字图像的读取终点。

2. 回归到传统领域

数字图像现阶段的审美大部分继承了传统图像理论内容，所以很多情况下数字图像艺术参照的是传统美学的标准。在已有的成熟的美学体系下，我们可以很直接地讨论数字图像艺术，并以此作为传统美学内容的补充。在与传统艺术的并行发展中，数字图像艺术的创作和审美经验也出现了一些向传统媒介的转化。数字图像艺术创作为核心，而其他手段作为其外延，使数字图像艺术得以涉及更多领域。

（1）纸质与画布媒介

数字图像艺术家选择平面媒介也是因为数字图像本身自带二维特征。最常见的媒介就是纸质媒介。很多艺术家愿意把作品打印出来，将之变成实体。这样做的原因大致有如下几种：首先，借助成熟的商业体系向传统的摄影和版画行业靠

① 资料来自Émilie Brout & Maxime Marion艺术项目Bliss。

拢，制作艺术家签版的限量版画，使之成为拥有收藏版数的作品。这样一来，数字艺术品在价值上会得到保证，也能抵御一些在数字领域中无限制的传播和复制所带来的贬值。所以，借鉴传统的收藏模式成为数字图像艺术一个重要的价值增长策略。其次，数字图像与实体的纸质材料结合产生新的承载模式，人们甚至发展出一整套专门用于数字艺术印刷的机器和装裱流程，以配合这种新兴的艺术形式的呈现。它已经成为数字图像艺术重要的归属之一。最后，数字图像本身所传递的多样性信息会因为进行多媒介之间的转换，也形成了独特的视觉特征。这无疑为整个图像艺术史增加了更多的可能性，而形成一种与传统图像艺术一脉相承而又带有突破性的新局面。

2004年，马修·斯通展示了一系列名为“Healing with Wounds”的新作品。这些数字图像印制实体作品揭示了马修·斯通身体复杂的协作关系，他的摄影、表演和抽象片段都传递到这些打印出来的作品当中。这些作品应用CGI技术来组合手绘的抽象笔触，并配以分段摄影的方法来完成。该系列为传统绘画提供了一种新的技术方法，展示了戏剧冲突中的多种身体组合形式。“这些新的作品转变了我以前纯粹乐观的中性乌托邦的想象。旨在认识到困难固有的潜力、相互依赖的愈合类型。”①（见图14）

① 资料来自马修·斯通官网艺术项目。

图14　2016年迈阿密巴塞尔艺术展上展出的马修·斯通作品（李光摄）

很多打印图像模仿了传统油画的呈现形式，但呈现的效果仍以平面为主。艺术家埃尔罗德（Elrod）利用彩色喷墨机打印出在一个数字绘图程序上创作的涂鸦作品。他意识到自己对“最小、简洁、抽象的线条”的爱可以用来创造艺术，开始将计算机制作的花纹图像投影到画布上，用油漆刷或喷雾罐描绘它们，这是他今天仍然使用的方法[①]。这种形式更加大胆，它直接表达了一种数字涂鸦的形式，强调了数字图像艺术可以被打印复制的特性，在展览上则借助传统画布进行实体展出。Elrod成功举行了很多高水准的展览，并且艺术评论界也把这种艺术形式进入主流的艺术世界比喻成当初摄影进入主流艺术界。在经历了几十年的努力之后，数字涂鸦已经成了一种主要的艺术形式，而数字图像艺术也被艺术评论家充分重视。（见图15）

① Mary M. Lane–A Hot Artist Jeff Elrod's Digitally Manipulated Canvases[J]. The Wall Street Journal, 2013.

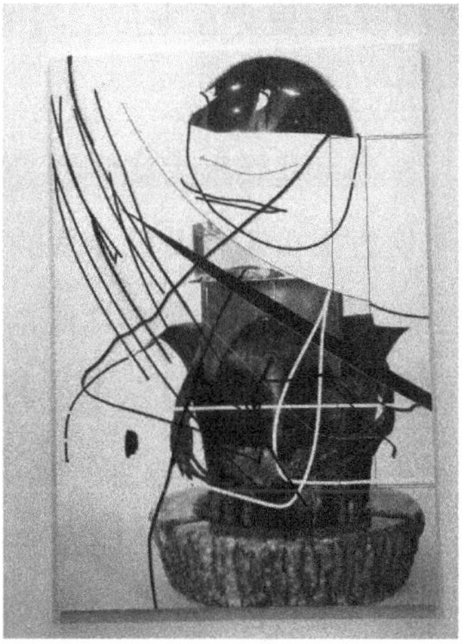

图15　艺术家埃尔罗德展览现场及作品（李光摄）

（2）雕塑及其他材料媒介

非平面类型涉及更多关于空间维度的数字图像艺术的创造。先锋媒体艺术家Claudia Hart运用从3D计算机动画渲染到3D打印雕塑及染料转移打印的方法来呈现她的作品，她的作品通过数字的形式探讨身份的现代价值观和可以被称为“自然”的创作主题。她以3D形象呈现了一种腐锈的新洛可可艺术。她用彩色3D打印公主裙，仿照西班牙公主玛格丽特·特里萨穿过的衣服①。由此可以看出，数字图像的创作可能性可以与很多实体物进行对接，突破传统平面类打印、三维打印的局限，逐渐成为主流。数字图像艺术也由此突破了其固有的平面限制，而展现了前所未有的与各种三维媒介关联的特性，演化出层出不穷的数字图像艺术实体化形象。

Optic Nude是开始于2013年的一个数字动画艺术项目。这部作品的灵感来自1963年英国摄影师让·斯特里克（Jean Straker）所创作的人物形象。哈特重新创

① 资料来自Upfor官方网站Claudia Hart Beneath the Veil艺术项目介绍。

造了斯特里克在虚拟空间中创造的形象，并于2016年作为主题被打印在塔夫绸上进行展示。

另一些转换为实体的实例则与像素有关。多伦多艺术家Josh Chalom使用12090个魔方来重现米开朗基罗的西斯廷教堂天顶画。魔方也称“鲁比克方块”（Rubik's Cube），是匈牙利布达佩斯建筑学院厄尔诺·鲁比克教授在1974年发明的；同一时期，以像素为显示单位的显示设备也相继问世。由魔方创造的西斯廷天花板将严重依赖数字过程。必须对图像进行数字化和像素化①。在数字技术的协助下，艺术作品得以呈现，这可以说是以像素为创作源的数字艺术实体创作。

（3）数字绘景

数字绘景是目前在商业领域应用得比较广泛的数字图像内容，是大型影视剧中较为普遍的视觉形式，也是笔者目前参与实践的一部分。它是数字图像艺术相对成熟的一种创作形式，需要在统一的数字平台上用不同的软件对数字图像进行加工处理。如果说早期的数字绘景以静态为主，如今所创作的数字绘景则变为可以根据镜头的需要进行不同的处理，并分为2D、3D数字绘景。

它们的前身来自遮罩绘画，用以创造并不存在的环境。历史上，画家和电影技术人员已经使用各种技术将无光泽的图像与实况动画和拍摄的影像片段组合。艺术家与技术人员配合可以创作出无缝效果的背景环境。在最终的影像场景中，这类环境可以是静态的，也可以运动合成动画效果。

在整个20世纪90年代，传统的无光泽绘画仍在使用。Die Hard 2（1990）是第一部数字与实拍视频结合的电影，传统的玻璃无光泽绘画已经被拍摄并扫描到计算机中。如今，3D模型和以绘图板创建的数字图像已成为主流，常与数字合成结合，人们在计算机生成的三维环境中创造前所未见的视觉奇观，并且允许3D相机移动，进一步扩大数字图像艺术在电影艺术创作中的影像范围。数字绘景

① 资料来自Jpospel网站“加拿大魔方达人拼出名画上帝之手”相关内容，魔方介绍来自百度百科Rubik's Cube词条。

中涵盖了多种数字图像的制作、合成方法，并整合了这些关联学科。（见图16）

图16　笔者为舞台剧《Panda Show》设计的数字绘景

三、实验性数字图像艺术

“实验性尝试”概念起初来自视频合成器A Video Synthesizer：视频合成器是通过电子创建视频信号的设备。视频合成器能够通过内部视频图案生成器生成各种视觉材料而不通过相机输入，它也可以“清理并增强”或“扭曲”实况电视摄像机拍摄的图像。合成器通过纯粹的电子操纵创建了大范围的干扰图像，可以在广泛的常规视频设备（如电视监视器、剧院视频投影仪、计算机显示器等）上观看输出视频信号，干扰信号也在输出的视频中可见①。

这是一个关于科技作用于屏幕的主题，也涉及数字特征及其演化过程。在模拟的输出信号时代，更多的是关于图像干扰的设计，这也就是接下来要介绍的几种与数字图像艺术结合的形式。

故障艺术（Glitch Art）是一种通过破坏数字数据或物理操纵电子设备，将数

① 维基百科：Glitch Art、A Video Synthesizer词条。

字或模拟错误用于美学目的的做法。在技术意义上，故障是意外结果，常出现在软件、游戏、图像、视频、音频和其他数字文件中。“故障”这个词在20世纪90年代中期与音乐有关，用于描述实验、噪声、电子音乐的类型（故障音乐类型）。在大型演出中也经常使用Modul 8配合外部硬件设备生成一些随机的数字图像，并且产生更多的随机效果。不久以后，随着VJ的发展和其他视觉艺术家开始接受毛刺作为数字时代的美学，故障艺术渐渐形成一整套视觉艺术类别。

理查德·加雷特的作品《感知：声音景观/午夜闪烁》就是与音乐结合的例子。该项目于2012年5月首次推出。艺术家花了一个星期在4月初录制时代广场的声音，他把听觉内容转化成富有色彩的视觉景观，去除所有的音频内容，留下运动图像信号，根据声音复合材料的性质而改变、搏动①，以期通过视觉产生声音的体验。

在佛罗里达大学，笔者与艺术家尼克（Nick）相互交流了作品。他也帮助笔者实现了数字图像艺术作品的再创作，改变了原有的数字图像的完整性，在创作时广泛应用随机变化的艺术形式，再通过数字录影机记录所获得的随机干扰效果，最终形成一种新的视觉张力。（见图17）

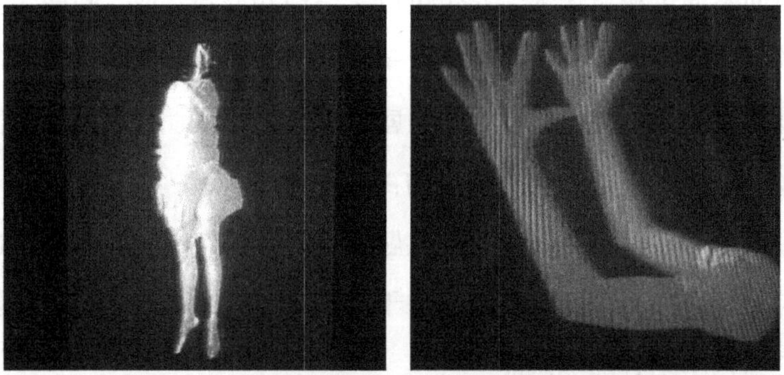

图17　笔者与艺术家尼克合作的故障艺术作品

① http：//www.richardgaret.com/pages/news.htm.

2015年，艺术家埃米莉·布劳特和马克西姆·马里昂的《返回破损的屏幕》是通过破损屏幕所产生的裂痕与屏幕内部的图像结合的方式共同完成的艺术作品。这种裂痕产生的原因多种多样，如由于操作不当而造成的损坏，或者掉落到地面导致的破碎。艺术家根据破坏情况为这些手机屏幕设计特定的与之配合的数字图像。在表现形式上，屏幕破碎所产生的随意分割形式造成了真实、虚拟空间的关联。观众看到的都是碎玻璃上的洞、裂痕及屏幕上失效的像素。艺术家试图通过设计出来的数字图像对这些失效的部分重新进行关联，以达到新的艺术创造的目的①。（见图18）

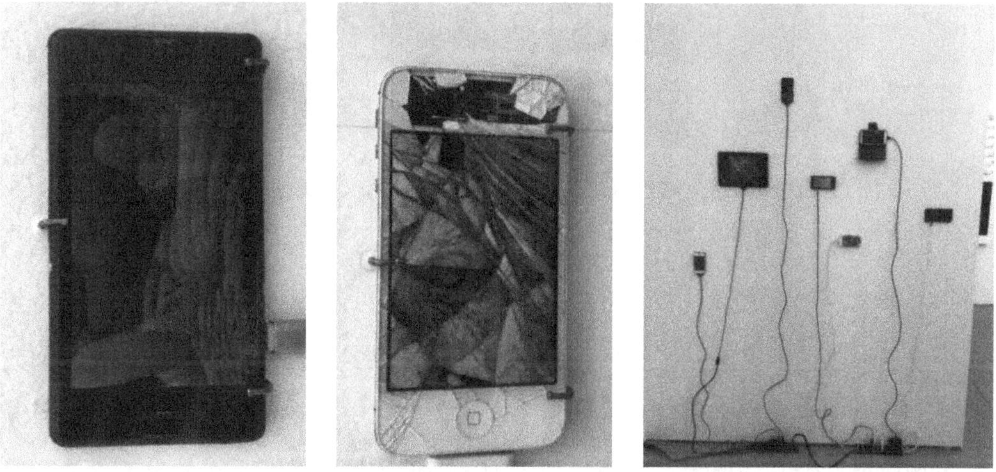

图18　埃米莉·布劳特、马克西姆·马里昂作品《返回破损的屏幕》全景及局部（李光摄）

此种试验性的创作图像产生的碎裂痕迹是通过偶然的机会获得的，表现的是对一个破碎现成品的重新规划，以期在破碎与美感之间达到一种平衡。

Meticulous（细致）和Delirious（恶意）是看起来相互矛盾的两种性质，但用来描述布鲁克林艺术家丹尼尔·戈登（Daniel Gordon）的工作再恰当不过。摄

① 资料来自Émilie Brout & Maxime Marion官方网站Return of the Broken Screens项目词条。

影是他的实践基础，他的作品表现为把打印图像与雕塑进行拼贴，展现出一种虚拟图像介入现实空间的抽离感。Gordon最近的作品包括来自网络的打印输出的、杂志和报纸的数百幅图片。他的三维作品题材通常是肖像和静物，表现为照片与3D打印结合[①]。（见图19）

图19　2016年迈阿密巴塞尔艺术展上展出的丹尼尔·戈登作品（李光摄）

丹尼尔·卡诺加尔（Daniel Canogar）是一位以新媒体、装置和摄影作为工作重点的视觉艺术家。除了在欧洲和美国举办过很多个人和集体展览，他还创造了很多公共艺术作品，通过高科技新手段为休斯敦中心、布鲁塞尔欧盟理事会等著名场所设计公共环境艺术作品。他较为著名的数字图像艺术作品是《风暴时代广场》，是由出现在时代广场的47个LED广告牌组成的，他邀请白天经过时代广场的人们一起参与创作，通过他搭建的平台爬行而过，然后通过后期制作的方式把这些图像重新组合，最后投射在时代广场的广告牌上。作为素材的人们就像爬行在建筑物上一样；并且随着展示的不断进行，作为素材的人群还被制作为一个个色块。作品显现了数字图像呈现的新方式对观感的改变。

① 资料来自artsy.net关于Daniel Gordon的介绍。

第四章　数字图像艺术审美

传统图像的艺术审美依循了视觉艺术史的发展脉络，数字图像艺术在继承这种脉络的基础上又有别于以往的任何一种图像艺术，具备了一些新时代的特征。如今，以数字图像艺术为背景的艺术体系建构是一个崭新的课题，正因如此，对这种新兴艺术的梳理和思考尤为重要。我们将对这种新艺术在各个维度上带来的价值和困惑进行展开分析，最终到达意识可视化的边缘，并且期待在未来构建出想象中的虚拟世界。

第一节　数字图像艺术形成的范畴

图像审美经历了漫长的历史过程，审美对象也经历了诸多变迁。起初，美是作为物化的对象而存在的。一切具有审美价值的事物都是美的，这种价值的总和便凝结成“永恒价值之美”。这就是柏拉图在《大希庇阿斯篇》中描述的对美本身的构想[①]。

而到了毕达哥拉斯学派时期，美转化成一种事物间的关系。在这一时期，美尽管还体现为一种物质的存在，但是已经被抽象出“比例之美”与“和谐之美”，

① [古希腊]柏拉图.文艺对话集[M].朱光潜，译.北京：人民文学出版社，1963.

最著名的是关于黄金分割的比例美学。这种比例关系赋予美一种能够测量的范围，它强调美是可以通过计算和测量得到的。

到了18世纪，“美”的定义开始遭到怀疑。博克的经验论明确地指出了诸如黄金分割这样单向度的评价体系已经无法满足个体审美需要，因为在审美的过程中出现的极其繁复的审美对象难以通过统一的方式来进行划分①。康德主义则认为：“审美是对对象的形式做无功利、无目的、无概念的静观。一旦涉及概念、范围、属性、效用，则就会与审美态度和审美经验相背离。用比例、和谐、多样性、适当、多用之类的特性的时候是看不见美的。”②在这里，康德主义强调了审美态度问题。从逻辑上，我们也可以通过斯丢沃德类似于维特根斯坦的策略知道，美的概念是如此广泛，可以被称为“美”的事物没有任何共同点③。

到了现代美学时期，“美”的概念在美学讨论中已经在词语范畴变得隐匿，所有的讨论都转向对“审美对象”的讨论，在心理学、现象学、符号学内部的讨论尤为著名。

这些早期的审美历史都为数字图像艺术的出现奠定了深厚而广博的基础。数字图像就是这样的一种审美对象，数字图像艺术之所以成为审美对象的重要原因，正是在审美对象的构成上形成了实体、形式、意象、内容等多向度的层次。

细分这些审美层次，我们可以把它们描述为以下几点：一是建立在像素和显示器上的一种高级的视觉构成层次，二是不同单元部分的交错、重叠、转化形成了新的视觉层次关系，三是多向度的内容构成及观察形式形成了一整套审美体系。我们可以看到这种特殊的审美对象将在诸多领域中发挥效力。除此之外，还有关于数字图像艺术审美的主观能动性问题。

---

① Edmund Burke. A philosophical Enquiry into the Origin of Our Ideas of the Sublime and Beauty[M]. London: Routledge&Kegan Paul, 1958.

② 彭锋.美学导论[M].上海：复旦大学出版社，2016.

③ Jerome Stolnitz.Beauty: Some Stage in the History of An Idea.

在这里，我们把数字图像（包括模拟信号）出现之前的所有图像称为“传统图像”。可以发现传统图像都从物质的本体出发，从而与世界发生直接关系。它们几乎是可以被摸得到的。比如一张传统油画原作在美术史研究中会有一系列的专业方法，用以收集各类数据，确认作品的年代、作者、风格、材质、艺术品质等。这类研究类似于考古学，它不仅需要一系列的现场勘测、记录，还需要更多的学术讨论和定位。这是一种半科学、半人文学科的工作，包揽了一系列数据和感官处理。

如今，就算处在同一艺术史研究领域，几乎所有的传统图像都已经被转化为数字图像的虚拟存在，尤其在世界各地的各大博物馆和艺术机构。一些图片库平台则专门从事这种转换工作。渐渐地，美术史工作的范畴也开始发生一定的平移，除了传统的研究部分，虚拟图像部分也渐渐成为研究工作的重要资源。当一幅传统油画或者一件传统雕塑被转化为虚拟图像，它不仅从总体上改变了人们的观看习惯，而且增加了附带的一些虚拟世界的内容，比如图像的数字格式、质量、显示平台（承载体）、加密、压缩、兼容性、防伪等。这些都成为新的内容，并且带来新的问题，如显示平台兼容问题、使用权限、版权、质量升级等，甚至产生竞争关系。

在这里，我们发现了科学与人文世界紧密并行交融。在这个阶段，当我们把重点放在物质的传统图像上时，数字平台仅作为一种工具而存在，它使交流变得便捷而高效。但是，当这种便捷和高效被广泛意识到后，就产生了新的行业，这种行业是以纯科技为基础的，行业间的竞争也是一种科技化的竞争。因此，我们思考数字图像的时候，永远无法绕开科技。

到目前为止，除了科技人员永远不会忘记显示平台，作为审美者，我们只能在一张图片被放大到出现像素点的时候才会猛然感觉到数字世界与真实世界的区别。这种区别却恰巧印证了数字审美的特征，甚至在观看的时候以此划清真实与虚拟之间的界线。

在界线以内，承载体或者显示平台的环境品质尤为重要，它将极大地影响并作用于任何一张数字图像。这体现着一种数字图像与其真实对应物之间的信息传递关系，这个部分强调了数字图像与真实物质世界直接的连接模式。但是这些图像的审美脉络基本依循了视觉艺术史的发展脉络。数字图像艺术的出现，显然继承了这种视觉艺术，但它又有别于以往的任何一种图像艺术，而且具备一些新的审美逻辑。

一、数字图像的组合

1.相似组合

数字图像的海量出现是有图像史以来从未有过的奇观，就像早期大量的绘画和摄影被挂在同一间屋子里，后来又被大量制造成印刷品被放在每个人的书架上一样，如今每个人都有自己的数字图像库。载体虽然改变了，人类收集图像的热情并未消减。与古老的人类的习惯一样，当收集品多到一定程度，我们会把它们摆在一起。只是如今，我们在虚拟世界实现这种摆放。早期的那一代数字图像收集者同时敏锐地发现，当这种数字图像被进行多个并列，会产生一种强烈的前所未见的数字特征，这是之前的图像收集者们都未曾遇到过的。由于获得数字图像的途径和设备不同，图像本身存在巨大的差异——分辨率、位数、格式、色彩范围千差万别。这些差异可以说是数字世界里的各种材质差异，而这些材质特性接下来又发展出了不同方向的美学趣味和非常具体的方法论。

图像之间的拼制组合是数字图像拼制艺术发展至今产生的一种较为纯粹而成熟的方向。所谓的“相似图像”指非常特殊而刻意为之的一种数字图像的获取模式，它要求图像均为同分辨率、位数、格式、色彩范围，有着同种获取设备和途径，内容也是严格统一的，甚至需要统一时间、统一光线，比如同一片天空的连续局部。在这种情况下，如果这些连续局部的图像无限多，数字图像可以做到的就是在硬件允许的范围内制作出几乎无限大的一张数字图像的组合，并且使它们看起来像同一张图像。在处理这种数字图像的过程中，其相同的像素排列、相同的信息内容可以让我们轻易地把两张内容相似的数字图像进行合并处理。这种技术如今已经发展到一种超真实的技术层面。它可以做到比人的肉眼看到的世界更加清晰、真实。这种看起来无缝衔接的“无限”的合并，带来了一种全新的想象空间 —— 这种无限会完全笼罩人类。

人类当然不会仅仅满足于只制造一片超真实的天空，希望顺应这种技术的革新制造超真实的一切。于是，在同质量的图像拼制中，更多的不同内容开始出现。从内容上不一致到形式上不一致，甚至最后到解构和抽象，数字图像的拼制瞬间丰富到如整个美术史一样应有尽有。

在处理此类图像时，衔接是比较容易的，但可能造成内容不合情理，它反而形成了一个交错时空的数字图像所特有的错位形式语言。在此种形式中，我们也可以十分巧妙地通过软件及数字图像呈现出的造型特点对数字图像进行全新组合，使不同内容的数字图像结合。出于相似的关系，它们完全可以合并成一个想象中的、难以辨别真假的数字图像世界。这种情况在电影制作中大量存在，并逐渐形成一种数字绘景行业，这也为我们进一步完成数字图像，建立虚拟的数字图像世界奠定良好的基础。矢量图因为保留了坐标信息，所以结合的方式也体现出无限放大的特性，这与真实世界的有限性形成比较鲜明的对比。但我们可以在矢量图之间设置好分辨率，使图像更容易结合在一起，矢量图像也形成了特有的组合方式。

大量数字图像的存在使得虚拟世界就分辨率而言也产生了高维与低维的区别，这是一个新的问题。虚拟的世界中存在可以清晰辨别的程度关系，自此，康德的言语中把自然美感从审美的意识中脱离出来的想法已经变为现实，但在不同程度上也满足了阿多诺认为的“自然美的出现将触动一个痛点，所有作为纯粹的人工制品的艺术品都表现为对自然美的犯罪，整个人造的艺术品在根本上与非人造的自然对立”，这很有可能是“自然美从美学中消失，是人的自由和尊严概念膨胀至极端的结果”[①]。在数字图像的世界中，我们建立了新的模仿秩序，因为它是按不同分辨率的程度被创造的，这种程度的大小使得我们对自然的模仿已经从单向的物理材质转换形式变成了虚拟的多种分辨率图像的结合，以及超分辨率下不同可视内容结合的复合形式，这种形式影响着作为艺术的数字图像所建立起来的世界在可视化的清晰程度上的多种不同组合。

像素比率的一致使得我们更容易欣赏到同品质下的数字图像内容，就像我们在选择视频分类时会选择高清的或标清的一样。这种品质上的归类有利于我们对所感受的数字图像世界的一种分类认识，从而获取类型化的特征。此种类型是我们建立起虚拟世界分类方向的基础。我们对虚拟世界的构造从模仿而来，但在模仿的同时又呈现出多种程度品质，我们把这些呈现都定义在一种正在构建的虚拟世界结构之上，一旦不符合真实的自然界情况，它就会产生一种视觉认知上的脱离，这种脱离就是我们可以用来进行新型的观看甚至审美的形式。我们也很积极地看待此种情况的不断发生（这也是科学技术带来的观察新角度），而此时，如果我们还是以观察者的视角来看待我们所建立起来的新的世界，而不是作为介入者[②]来看待此种现象，我们就可以把此类状况归为传统审美模式。

其特征首先在于同种像素直接组合，形成了一个巨大的同质网络结构，它把不同的维度上的同质图像进行组合，这种组合形成了一个探索虚拟空间的新维

① T W Adorno. Aesthetics Theory[M]. Translate by C Lenhardt, Edited by Gretel Adorno and Rolf Tiedemann. Routlsdge&Kegan Paul, 1984.

② 此种介入模式类比环境美学中的介入模式，正如穆勒·弗赖恩费尔斯（Mueller Freienfels）所指出的审美者的两种类型，即旁观者和分享者。

度；其次就是在其技术不停运转、前进的同时留给我们像素比不同的新型层次分类，并带来差异巨大的视觉效果。

2. 不同组合

数字图像领域中还有一种不可忽视的现象，就是那些并不存在相同性质（非相同分辨率）的图像之间的组合关系。这种组合形式是完全无法组合成一个“有模有样”的真实的图像世界的。它看似一种临时性搭建，图像之间的组合充满了令人难以接受的新型的视觉效果和视觉语言，但因为具有异质特征，所以它们多数的组合方式是直接进行异质组合。在此着重强调的是，在这种不同的组合中除了图像之间的组接，还建立了很多图像之间的缝隙。这里所谓的“缝隙”指在不同像素之间无法通过对应像素的关系合并成同像素的数字图像，就构成了撕裂般的组合形式。这些“缝隙”的构成使得我们完全相信它们在美学上的独特审美价值和意义。这是一种后现代式的介入模式、一种脱离了现实视觉常态的展现模式，也是基于我们人为想象的一种创造模式。其实在数字图像中，我们的三维模型的创建与材质贴图就存在此种关系，所以我们不难看到三维物体的边缘与贴图材质的默契没有那么明显，我们很容易从显示出来的三维图像与其材质的不协调看出不同数字图像展现的独特的分离状态。

不同像素之间的图像组合会在分辨率上产生区别，这样，我们会在不同的数字图像中分辨出可以被我们的视觉系统接受的符合逻辑的数字图像，其余部分则是我们无法接受的，或者说通过计算机运算得出的数字图像。这使得我们所认识的数字图像世界增加了一个全新的维度。我们惊异于这种作品的出现。就像水晶的多棱面（棱面弧度映衬着主体和周围环境，又把这种映射扭曲地展现在现实的空间中）。在这种虚拟的缝隙中，我们感受到此种数字图像一种浓郁的抽象意味。这种情况很像后现代的主张，随着作品创作，以及对作品描述和表达的不同而改变，因而展现着多个世界的想象。数字图像艺术基于此种很典型的后现代主义思想，展现着一个现实服从于创作原则的艺术时代、一种虚拟化审美的时代。此种组合形式形成的拼制效应给我们留下了可以用来重新排列的像素组合，表达了空间审美的新意义及构成新式审美观的新型主张，让我们可以在另一个角度思考数字图像的审美意义，如艺术家费利克斯·R.希德（Felix R Cid）创作的图像合成作品就结合了虚拟三维图像、多种分辨率与尺寸，它集中展现了此种组合形式的多样性。我们在分析它表达的内容的同时会对那些组合空隙产生新的关注。（见图20）

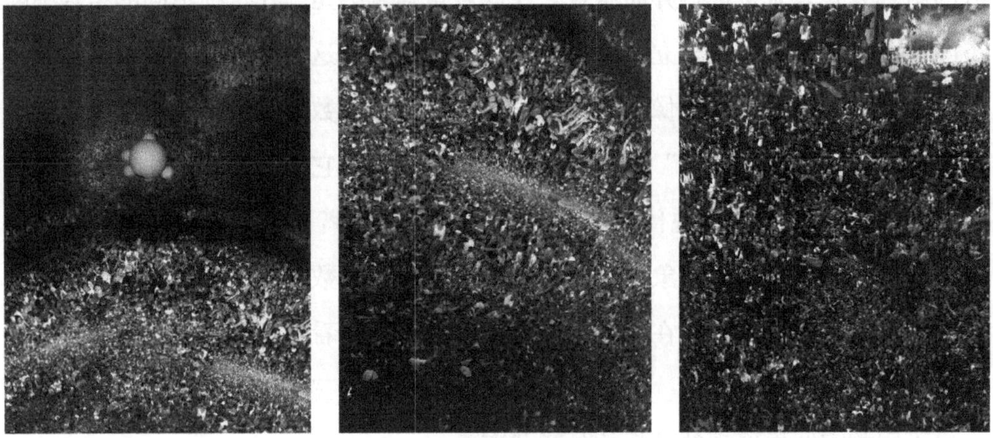

图20　费利克斯·R.希德的图像合成作品（李光摄）

此类数字图像艺术的特征在于，虽然我们可以采取同化像素的方式对图像进行相似的组合，但此图像的意义就在于异质所通向的视觉上无法协调的异样审美形式。组合后的数字图像本身就带有不同的审美意味，它所形成的新的时空内容也以一种新的视觉形式展现出来。我们就在此种结构下重新组合出新的形式“缝隙”语言，拥有了认识世界的新机会。这也成为更好的观察新形式，对于它在视觉上和心理上带来的痛感，我们在异质的数字图像世界找到了此种关联。这也为迈向新一层审美关系奠定了新的基础。

二、坏点与故障

在构建虚拟世界影响的同时，我们仍时刻与显示设备相关联。这种关联使得我们真实显示平台中的不完美变成了一种可以维系真实与虚拟之间关系的媒介。这一媒介沟通了真实和虚拟两个世界，而坏像素点的产生会因为其失去的效力变成了无法再现的一个黑点。它成为观看显示平台时的一个吸引点，我们也会把注意力集中在这种残破上，甚至周围的像素点也被它吸引，而形成一片挥之不去的坏点欣赏范围。我们对这种非人为的机器瑕疵的探讨仿佛在说明现代技术在此基础上不能避免的失误率，我们应该考虑在此处做怎样的取舍来把我们之前创造的虚拟数字图像以最优化的形式显示，从此摆脱坏点所造成的困扰。

另外，透过显示器的表面，我们知道发光的显示器其实都是根据光线映照的原理制成的，引出来的是一个被照亮的世界，在此世界中能够看到五彩缤纷的虚拟数字图像世界。有些变化中则会出现一些发光点，这些光点造就了一个关于数字图像的新图景，它并不与对应的虚拟真实世界连接，而变为一个虚像的存在点，在功能上失去了应有的意义。就数字图像来讲，反复地进行修改会对它的显示造成破坏，从而产生影响；而硬件上的缺失也会为数字图像的存在带来新的臆想的可能。这就是数字图像艺术语言的象征性的重要部分，甚至在虚拟世界中都会对此种现象进行模仿，其意义不言自明。它在数字图像审美语言中占有重要的位置。在光点中出现的大量红点、白点、光斑等都应该算坏像素点，如果像素是坏的、不发光的，则就回归到真实世界。所以，像素无光存在与有光不存在的意义是不完全相同的，数字化应验着这种存在关系，体现了一种理性审美的新精神。

从另一个角度来讲，我们直接把故障看作必然存在，它与真实世界无法避免的意外和错误相对应。

这两种可能性造就了故障存在的审美意味。这是因为我们认识的基础在于真实，对虚拟的部分则相应地进行了假象的处理，使得画面在审美性上有了新维度。现实状态中不仅存在一个个小的坏点，还有一些由点组成的很长的坏线或者坏面。我们面对此种与现实相同的物理存在时，更加看重它对审美的影响。总结而言，此种状况是硬件的显示性能问题所引发的虚拟数字图像与现实显示之争，它存在的意义在于搭建可计算的数字图像与真实图像世界的链接。

再者，从图像信号干扰或者从关于故障艺术的例子中可以得出不完整信号传递的信息及所受到的相应变化都会影响数字图像艺术的展现，这成为数字图像及数字图像艺术所代表的一类计算机图像艺术形式。所以在出现不完整信息的同时，它已成为可供我们审美的新部分：A.它的残缺性及不完整性使得一种可以代表数字时代的图像出现。一旦此种抽象化的不和谐图像符号产生，就会形成一种符号美感。B.它进一步扩展了我们对数字图像艺术的想象，使我们对各种数字图像艺术化组合更加宽容。C.它使我们进一步探索虚拟世界的图像中的新造型成为可能。我们不再局限于具象中的组合，而扩展到实验性地创造数字图像艺术的多维度上。所以视频中随机性的组合成为一种实现交互的基础，这种基础被广泛应用在交互媒介上。故障也成为一种必备元素，呈现出相应的审美延时或者审美困境。这形成了对缺陷或者非正常工作行为的隐喻，正如苏珊·桑塔格在《疾病的隐喻》中针对疾病这种人类身体或心理上的“故障”所提出的一系列可供分析的内容。

三、虚拟的真实与虚拟的虚拟

鲍德里亚说过：“图像（影像）不再让人想象现实，因为它就是现实。图像（影像）也不再让人幻想实在的东西，因为它就是虚拟的实在。”[①]在组合之中，

① [法]让·波德里亚.完美的罪行[M].王为民，译.北京：商务印书馆，2000.

数字图像一部分的发展方向就是模拟真实图像世界。

既然数字图像是一种信息图像，它体现了一种在非实体的存在下通过硬件完成展示的过程。我们也可以理解成在虚拟的数字软硬件领域中它所带来的独特审美趣味，既要实现“介入者”（此种介入为可以进行修改，改善其观看、操作及性能的各个方面的行为）的审美可能性，又要产生“旁观者”的抽离效果（作为旁观者所要感受的一种可以进行审美的方式，体现为融合了创作与欣赏的审美过程）。这就让本身虚拟的数字图像带有一种天然的双重属性。虚拟的数字图像的建立一部分要满足我们“模仿真实世界”的天然需求，这一步就相当于视觉审美系统被建立在对“真实”的模仿上。柏林特曾经说过“我们无法脱离环境去观看”①，我们所有的相关想象都基于现实，而数字图像在构建的过程中会比照显示的真实世界。现在，极度仿真的数字图像领域则成为我们已经脱离了现实，遁入一个虚拟的世界的新的领域，这体现了一种转移过程，这种转移让我们把对数字图像的真实模拟变为一种以创作的极强的手段来完成构建虚拟的梦想，此种状况如今转变成电影院中上映的科幻世界的大型影像制作。不仅如此，VR影像技术给我们提供了新型的可以穿戴的设备，让我们沉浸其中，遁入360°的全景世界。我们要做的就是在介入实景的同时，考虑虚拟真实美感的建立是否在我们可接受的范围之内，或者说在一个非常值得分享、可以接受的审美世界范围之内，我们身在其中，又可以随时抽离，体现了居伊·德波所描述的影像取代了人类关联的“景观社会”，以及布拉萨所提出的内在者、外在者的统一。

虚拟的虚拟本身是一种不合实际的存在②，它应该是由各种抽象的图形、图像构建的，基于电子、程序、软硬件建立起来的一套虚拟世界系统。其实，数字图像本身体现为一种无实体形态的存在③，所以我们在虚拟图像中找到了一种非

① Arnold Berleant. The Aesthetics of Art and Nature[M]. Cambridge University Press, 1993.

② 与虚拟世界相对的是真实世界。

③ 很难证实数字图像存在的实体性，它们都是由电子元件、信号、发光的灯箱组成的。

真实的状态，这种状态则为虚拟的虚拟带来了一种可能性。无法忽略那些呈现在非真实空间中的虚拟形态与真实之间的格格不入，同时让我们的世界充满了臆想的空间，而我们在此种空间中也看到了虚拟的新希望。观者产生了此种割裂的感受之后，能够通过视觉领悟到此种不同状态实则代表数字审美的方向。臆想中的可能性会同时扑来，我们需要平衡之前在真实世界中对空间的所有意识，意识到它的出现可能在真实的世界里展开新方向。这一部分完全是抽象化的，模拟的形式体现为一些抽象语言，这种语言给我们的审美带来了新鲜的乐趣。虚拟的虚拟本身也是一种可能性的让渡，我们非常希望虚拟真实的世界中的规则也可以用在虚拟的环境之中，虚拟的虚拟正好印证了精神对事物要旨的更精神化的诉求。在这里，我们发现一种审美语言的转化：在旧的审美体系中被建立的抽象语言因为脱离了自然属性而被定义在抽象范畴，如米罗创作的超现实主义抽象绘画作品；但在新的数字美学的审美体系下，所有的抽象语言都是一种实体，如杰里米·罗茨坦创作的艺术作品。这两幅作品有很多相似的特征。这种抽象的实体入侵了旧的美学世界，打破了原有体系，正在建立一种杂糅了真实和虚幻的新的审美语言。

第二节　数字图像艺术呈现状态的开放性

一、缩放

这里的缩放首先具体指数字图像在屏幕范畴内可以放大、缩小的功能。作为数字图像的基本特征，这一点显而易见。但这背后是我们对一项审美体验所展示出来的可缩放的可能性的预设，这是传统的图像并不具备的一种特点，它更像科学带来的对审美意识传递的一种暗示。它体现为与我们相关联的一切数字图像展示出来的缩放形式，这种缩放形式不仅仅受制于像素和屏幕的极限，还呈现着整个背后所有相关联的预设关系。

除了矢量图像①，所有的数字图像都具备自身的临界点，这个临界点限定了一张数字图像在屏幕显示或者输出打印时能够达到的上限。我们可以在缩放的前提下去想象数字在达到极限时所呈现的基本现象：一是到达极限后的缩回。临界点被提出来以后，就成为数字图像在视觉效果上的一个上限，这种对图像本身进行的约束进而也成了作为审美诉求所建立起来的一系列规则。也就是说，在这个临界点以内，视觉效果的重点还在数字图像所呈现的内容上。但是到了这个临界点以外，如果我们还在继续放大一张图像，内容将消失在一片像素点之中。二是放大到极限之外所得到的像素信息。这些像素信息是由庞大的二进制（0，1）计算机语言编码而成的，而这些二进制语言就是像素元点的来源。在临界点以外的像素世界里，内容被消解了，取而代之的是操作层面和技术层面的计算机语言的问题。

当然，此种情况会有例外，矢量图中并不存在临界点和像素点的问题。在那些由位置信息计算出来的矢量图中，呈现的是可被无限放大的位置关系，而这种位置关系在放大的过程中，清晰度是完全不受影响的。这种可以无限放大的技术使我们完全可以想象这样的无限体现的关于想象力的突破，即使完全无法与我们构建出来的普遍性关系融洽。

对构成数字图像基本规范的考量是我们了解数字图像的一种基础方法。通过了解它在内容审美中隐含的临界点现象，以及操作层面上的像素元点的特质，我们发现了数字图像的双向度审美特质。这种可审美，也可操作的新型图像如今已经深入美学世界，并且与想象中的世界进行了深入对接。从前，想象力和内容是互相吞噬、互相塑造的一个整体；如今，想象力和像素也具有同样的关系。如果

① 矢量图像记录的位置信息与位图不同，但它依然处在一种可以进行缩放的关系中。

一张在想象世界中出现的传统图像正好可以转化为一张数字图像，那么这张数字图像在无限放大和无限缩小的尺度上时，便都可以归结为一个或多个像素元点。如此一来，一个想象的图像就被数字图像拆解、解构为一个新的世界，在这个新的世界里，存在新的审美价值。于是，我们可以看到这种数字图像缩放功能所体现的一个独特的审美过程：开始我们为了获得更多的图像细节而放大图片，或者为了看到全貌而缩小图片，随后我们却因为突破临界点又解构了这个图像，我们因为只得到一些像素而一无所获。接着，这些像素又构建了新的图像。经过这个过程，仿佛所见的一切都可被转化为像素的集合，要不要保留内容审美的意义，在于我们的选择。

这种从快感到美感的转换也产生了审美上的愉悦，并且成为一种可以用来审美的形式而被普遍认同。在美学家比尔兹利看来，对艺术作品做出恰当的审美评判需要对局部特性及区域特性做出考量①。而针对数字图像这种复合体，我们提炼出了相似的像素元点这个特殊的部分。它彰显传承性（summative）及突变性（emergent）便构成了数字图像艺术这种复合整体的特性之一。

数字图像可被进行各种互动式操作，缩放只是其中一种，那么它在观察的内容和范围上就已经与传统图像产生了巨大的区别。可操控的观察范围是我们在真实世界中无法达到的，体现着一个可以重新观看局部和整体的过程，这很像帮助我们集中注意力对对象进行重新勘查，这种勘查方式使人对局部产生极强的控制欲。最终，数字图像可能朝与真实维度不同的方向发展，这体现着一种平行发展的观念，类似于量子力学中的多世界解释②。在这种缩放的前提下，则是一种针

① Monroe C，Beardsley. Aesthetic Experience Regained[J]. The Journal of Aesthetics and Art Criticism，1969.

② 维基百科：多重宇宙论。量子力学的多世界解释是一种主要的量子力学解释。在由此方式解释的众平行宇宙中有一个关于时间的变数，这些平行宇宙有着相同的起源。这些宇宙的基本物理定律相同，但物理常数可能有所不同。它们亦可能处于不同的状态，而且彼此没有任何的联系，因此它们彼此没有任何信息互通。这些宇宙彼此的关系由它们之间的叠加态决定。

对边框所做的争夺，它就像在一种技术背景下宣称我们从审美的意义上对获得的图像取得一次巨大的飞跃，此种形式反映出我们基于边界的特性所建立起来的一套审美新趣味，我们依然可以延续对局部特征的深入分析。笔者认为，这种边界的打破表现为一种通往同一图像多层面解读的审美体会，在此之前所有的审美历史都有利于我们达到可以认识的目的。就像威尔什所宣称的“美学已经失去了作为一门仅仅关于艺术的学科的特征，而成为一种更广泛、更一般的理解现实的方法”①。套用此种方法是我们重新面对数字图像的一种可能。

二、重构

在数字图像的审美体验中，我们会实践与传统图像类似的观看方式。

第一，当我们把注意力集中到图像内容上，我们只会对画面中出现的形象或图案产生审美的想法，从而进行审美上的判断。这也就形成了对于内容的审美意识和观看行为。之后我们则意识到出现的材质，以及使用的现实工具所产生的痕迹。这是一种单纯对材质的审美，此时我们并没有意识到内容本身使我们产生的联想。再进一步是一种综合性的观看、审美方式。此时，我们在面对对象的时候考虑到了所有的因素，比如说图像呈现出来的关于意象的思考，以及承载这种图像的颜料及创作时留下的肌理。在拥有了所有传统图像的审美体验之外，数字图像更进一步获得了一些自身的特性。

显而易见，我们所面对的数字画面是由数字信号组成，并且通过发光的屏幕显现出来的。一旦没有电源，这些图像就会重新回到它们存在的物理起点上，变成存储器中的数据，成为完全功能性的一种物理客观实体。这展示出屏幕和显示器在数字图像艺术审美中的特殊位置。在点亮屏幕的一瞬间，图像内容将再次成为主体，作为承载体的显示器便自动退居到了其次的位置。在普遍情况下，我们

① Wolfgang Welsch. Undoing Aesthetics[M]. SAGE Publications Ltd, 1997.

审美的焦点始终是围绕着图像的内容（其中包括关于模拟的立体图像、虚拟现实图像等）展开的，它作为数字的特殊属性很少被考虑到。但事实上，我们总是从图像中得到类似的数字信号，尽管显示器的呈现明度、纯度不尽相同，但这些都在可微调的范畴之内。所以，我们对此种图像应该有更统一的认识。一种容易被忽略掉的事实是，图像内容、数字信号、发光屏幕的综合体重新构建了数字图像的第一种硬件审美形式。

第二，新的重构形式发生在数字图像的内容制作中，这是我们在合成数字图像时经常遇到的现象。首先，由于计算机软件本身具备处理相同色彩信息的功能，可把同样的颜色处理成同样的数值，在合成图像的工作中，我们并不会受到色彩准确度的困扰。只要我们输入相同的数值，就一定得到相同的颜色。但是像素和位数带来了之前我们从未遇到过的新逻辑。8位通道图像、16位通道图像、32位通道图像所带来的色彩位深是完全不同的，标清图像（720×576）与高清图像（1920×1080）及4K图像（3840×2160）的尺寸也是完全不同的。因此，在数字图像的制作中，合成图像的工作往往面临两个方向的选择：第一个方向是为了创造一个完全模拟真实的图像，而尽量选择相同位深和像素的素材进行合成。选择这个方向的结果是完全隐藏位数和像素的特性，而最终模拟出一个超真实图像。第二个方向则相反，走到达达主义时期的那种解构、重构的极限上。此种审美甚至强化位数和像素在合成时带来的明显差异作为语言对比，在视觉中心上也强化其相接流露出来的不和谐因素，以造就一种新型的审美特征。Photomontage[①] 就是类似于这种情况的综合存在，但在像素的世界中还会与软件功能及显示科技关联。

① 译为照片蒙太奇。

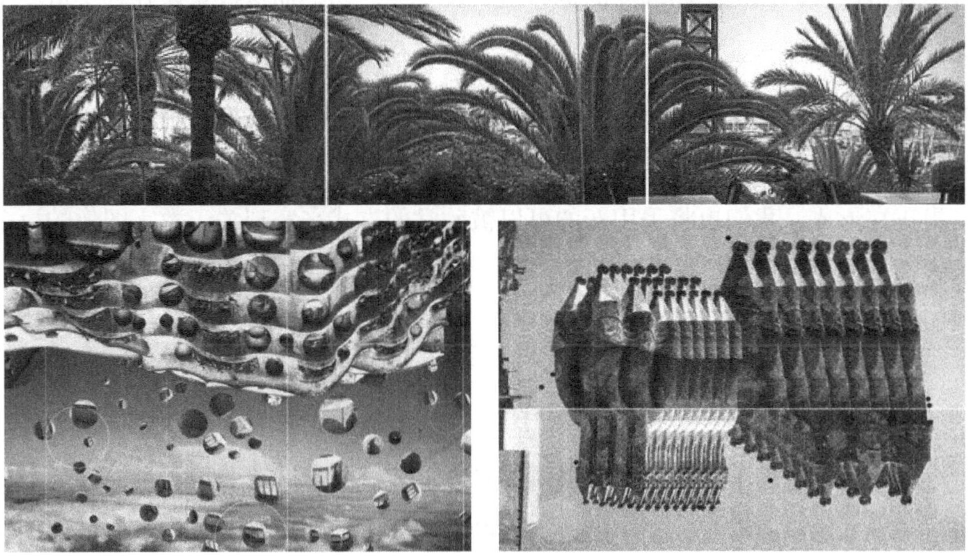

图21 笔者作品《"SPAIN"系列》

第三，形成于数字图像的无固定形式的构图模式，它体现为一种相对开放的构成组合关系。这种重构并不要求我们对所观察的数字图像中心（焦点）直接显现，而是要求我们在一个随时可能变化的图像中去寻找新的组接关系。构图并没有消失，而是变得更加开放。当我们把一张图片放大到超出屏幕，在屏幕显示的部分里就出现了一种新的构图和平衡，而在其隐匿的表面之下，又潜藏着新的可能。也就是说，一向以观察为中心的审美原则变成对未知的未来的一种预置期待审美。

数字图像在硬件、制作、观看上重构了一种新的审美，建立了一种新的观看模式，一个新的视觉中心诞生了。在这个中心里，我们打开了一个开放式世界。无论在技术层面上，还是在隐喻意义上，数字图像世界都在把人类引向一个纬度更高的地方。我们正向承载体逐渐消失的技术革命迈进，在未来，我们看到的数字图像世界将与现实世界无缝衔接。在这个由数字图像辅助的世界里，人类将更容易理解四维，甚至更高纬度的世界里所发生的一切，而这些景象在真实世界中无法被直观模拟和看见。如今的数字艺术恰好在为这种新的视觉秩序准备必要的视觉愉悦习惯，以及探索新的视觉规律的可能性。它们恰好提供给人们一种全面观看的意识，就像我们在任何艺术审美中用到的全面观看的方法一样。这个数字世界正在形成，我们也将采用新的可以被欣赏的方式来实现关于数字图像的更多的重构可能。

三、范畴

在缩放和重构中，我们已经强调了总体上数字图像的审美逻辑。缩放是最初级、最根本的一层设置；基于缩放的更进一步的重构则展现了一种更立体的空间中的信息传递。在此种基础上，我们所经历的另一种审美则来自数字图像的多种可能性的范畴特质。这种多种可能性展现为通向不同路径的可能：软硬件的配合使得我们可以更加便利地去满足各项需要。

有趣的是，整个传统图像的艺术史就是一部关于图像可能性的历史。数字图像的出现使整个传统图像史具备了实用性的意义：与其说数字图像整合了传统图像的可能性，还不如说传统图像史在为数字图像的出现做理论上的准备。

如今人类经历的数字图像的世界就是一个可以被无限改变的世界，我们也被淹没在这样一种可以不断被改变的艺术形式中。只要电源未关闭，我们就一直处在数字图像的各种可能性的叠加状态中。

从制作数字图像的技术手段和制作流程来看，人们也完全可以利用相关软件对其基础属性进行直接改变。我们甚至还可以从构建图像的基础信息入手，直接修改后台代码。对于一张图像的大小，我们可以在物理世界中明确地进行感知和测量。而在一个数字分析的世界中，它成为一个可以通过计算机的形式来进行像素恢复与填充的大小可变的数字图像。同一张图像，我们还可以运用各种图像处理软件进行处理，由此得到不同的视觉效果。如今，一个简单的App就能做到几十个世纪以来人类在处理图像时所经历的所有可能性；而在另一个App里，图像还可以被模拟出摄影史里的所有风格。虽然我们在物理世界里也可以做类似的模拟，但是数字图像的特殊性在于它被计算机语言处理。这种语言带来的便利是除了不受物质环境影响，还更易于操作，容易产生更多的可能性。这些可能性是成次方增长的，比我们已有的及能够预想的现实世界的图像复杂一些。但是，基于数字的想象才刚刚开始，我们已经开始模仿此种想象，它甚至已经变身成了一种数字风格，完全脱离了现实的视觉世界。所有的图像从业者都正在经历这个时代的崛起，并被烙上深深的数字印记。

在经验主义中，休谟就曾提出趣味的多样性，显示了经验主义对基于感情、观念或印象确定知识的要求是有限度的。舒斯特曼也指出对由权威确定的趣味标准的顺从貌似出于个人的自由和自愿，而实际上是一种压迫的结果。这也正好说明了在当下的数字图像世界中，审美趣味对喜好，甚至是喜好的可变动性都产生了巨大的影响，它直接影响了数字图像自身范畴的可变性。数字审美趣味扩展了我们个体对自身审美的理解，但也产生了一些复杂的状况。构成此状况的前提是基于人的完整度的高度自觉，这种自觉也对应着创作数字艺术作品的艺术家们给予观赏者的充分的想象空间。这不仅印证了卡希尔所指出的“动态过程是产生艺术情感的全域”，更是获得升华的体验。

数字图像艺术所涉及的领域也兼容其他行业，从之前的传统行业领域到现阶段的数字科技领域，无所不含，甚至在生物制药及医疗领域中，基于数字图像的设备也应运而生，并且帮助人类突破了之前在物理领域中无法逾越的界限。数字图像也就此开辟出了一个更加广泛的适用范围，这在之前的技术中是不曾出现过的。所以，兼容的形式在更广阔的空间中发挥着它的作用。从范畴出发来研究数字图像定会引发跨媒介的艺术作品不断诞生，艺术与科学也再次联合，并且逐渐被引入更多全新的领域，从图像的历史范畴到人的感官范畴，无一不实现着跨领域的结合。

第三节 数字图像艺术对图像经验的新超越

一、自由与约束

首先，在现阶段，数字图像几乎被其显示工具约束、限制在一个有限的空间之内，就像一扇窗户；这扇窗户直接阻隔了真实与虚幻，但也恰恰有了边框的限制，我们才会发现一张数字图像展现形式的不同，以及这种显示限制带给我们的关于限制的讨论及其背后的关于约束性的美学价值。这种限制可能是一种暂时的存在，相信在不远的未来，数字图像的承载体会变为更加便于观察，以更加隐匿的形式存在。承载体约束了数字图像在显示上的性能，但它也在逐渐消解着我们所处真实世界的实际范围。同时，这种蚕食特性让我们可以预测到未来无边框世界的到来，数字图像充斥人类的生活，我们可能被约束在一个虚拟的世界中。此时我们所做的硬件设备拥有更加高端的无限显示能力，缩放操作则已经变为一种近乎植根于数字图像中的数字属性操作，取而代之的是那种面对无限边框世界的感叹。当然，在这个数字世界中所呈现的特性也将获得另外一种存在的意义。康宁在2012年的宣传片《玻璃构成的一天》中也提到了相关的技术，触摸感受及操控数字图像世界对真实世界的影响被努力实现。当然，在未来世界中处理一张数字艺术图像也是在处理我们与虚拟世界的互动关系。硬件设备所具备的运算、储存能力体现着一个不断被更新、完善的过程。基于想象空间，艺术家也会对未来的数字图像的展示方式做出更加大胆的设想，如2017年上映的《攻壳机动队》

展现出的未来数字都市的样貌。

其次，以上是针对数字图像艺术外部显示载体，其余的是我们针对现阶段人类自身视觉系统所做的探究。现阶段我们对建立的数字图像、影像的显示系统，如AR系统和VR系统所做的尝试，表现为在真实世界中增添了一个可穿戴的设备，或者是可以同时进行摄取、分析与添加虚拟世界数字图像的显示平台。它可以在观看真实世界时为我们增加关于数字图像的内容，甚至使我们脱离真实世界，成为全部的虚拟世界。这就让我们在观看图像的方式上进行改变。同时，这种可穿戴式的数字图像世界的审美意识为艺术创作创造了新的可能性。之前的结构主义认为有一种最终的封闭的整体，但如今其固有的整体性已经被打破，整体处于一种开放的环境之中。其中的不确定意义更加突出，我们已经在后结构主义中感受着数字图像带来的不确定的美感。艺术家在创作的数字图像中添加了更多的不可思议的创造，正如解构主义大师德里达所认为的一样，作者的意图和其他心理状态在美学上没有任何必然的联系。数字图像艺术审美加剧了此种分离状态。艺术家在模仿真实世界的同时添加了很多操控的可能，在原有审美的基础之上添加了对艺术家和艺术作品的分析的一个新的操控维度。这时，作为观众的我们是否要遵循艺术家的创作意识也成为一个审美讨论的焦点。

再次，如今呈现数字图像的普遍载体是我们的移动终端设备——手机，它的屏幕只有4—7英寸，大小基本上与我们的手一致，这在数字图像的可操控性方面产生了重大意义。在手机的边框所限制的如此有限的空间内，艺术家创作、展现其艺术作品。很多手机平台具有良好的互动沟通性，使得它在此领域中一直具有一种交互形式的符号性象征意义。这也涉及了相关的审美经验的问题。美学家杜威曾指出“艺术即经验”。虽然这种经验方式旨在分析美学中的一部分，但在对手机屏幕的实际操作当中，我们发现，操作经验会成为欣赏、观看的重要的依据。此种审美状态还可以是偏向心理分析性的，甚至这种数字图像对于生活中的“介入”是一种本能的介入。我们自然而然地融入其中。

最后，数字图像艺术在户外的展示也成为现实世界与数字世界的一种互动形式，成为我们生活中展示空间的一部分，巨大体量、高亮度现实、不断变化的画面，甚至是互动性都成了它的特征。与互动性不同的是，它的类型大部分作为装置，适用于观看，只有一部分触摸屏幕才具备操作功能。公共空间环境中的屏幕成为现实生活中新的空间维度，我们看到了一个关于另一个空间维度的数字显示作品。巨大的体量使它变得耀眼夺目，在空间对接中成为新的发光点。

在边框的问题上还延伸出了关于像素排列关系的新命题，因为它表现为一个像素紧靠着一个像素的排列方式。作为数字图像基础的方形像素本身又推演出了显示屏幕的最终形态。因此在考虑其他边框形式的时候，我们很少选择圆形的屏幕，当然这并不意味着没有圆形显示器。但是圆形对于显示数字图像确实是个挑战，并且基于商业的考虑，人们并不主张用圆形的显示器。首先，在制版上会增加成倍的难度和成本。另外，对于普遍由方形像素构成和有边框的图像，也会造成信息损失。诚然，这种可能在技术上是可以实现的①，企业家们需要对投入的成本进行考量，但现在我们好像已经默认了方形边框的存在。最后，在边框的问题上我们也考虑到了最终消失的可能性。笔者认为，现阶段的数字图像展示只是实现了形式所引发的审美问题里所提到的增强现实的转化，接下来则是取消边框而变成完全无边框的虚拟世界。

---

① NEC电子美国在2008年的信息展示会上展示了两个半圆弧和两条直线形成的心形低温多晶硅颜色（LTPS）TFT LCD模块，以及32个其他最新的显示模块和技术。传统的显示模块是矩形的，因为它是用于容纳像素阵列的最简单、最有效、最通用的形状。最近，LCD供应商已经开始引入相当简单的非矩形LCD形状，包括圆形、椭圆形和带有修剪角的矩形，形状相当简单，因为更复杂的形状难以适应布线图案，导致更厚的边框和更大的功耗。来自 NEC Goes Straight to the Heart of the LCD Matter，EETimes。

最终，观众对作品的处理方式和处理效果都会持有各自的想法[①]，这些想法往往需要从五个方向进行审美诉求上的考虑：一是遵循基本的艺术方法和规则而得出的传统解释，包括所有已知的美学整体性、方法论、风格流派等的基本定义。二是心理学上的解释，如在艺术心理、观众心理、对环境的投射等方面的影响，其中格式塔心理学、鲁道夫·阿恩海姆的《艺术与视知觉》及弗洛伊德的精神分析法都会涉及图像与人的心理认知等相关领域。三是解释学上的解释，或者说诠释学上的解释，以及关于不确定性的解释，而那些不确定性的预测方式、方法就变成强调观者自发性的行为，以及这种自发性对权威性的稀释。伽达默尔从本体论角度提出"游戏"概念，数字世界展现出的游戏世界本身就可以作为艺术本体，观众则会主动以个体经验来解释当下的数字图像作品。四是关于哲学层面的解释，鲍德里亚关于符号与象征交换的分析不仅指影像中的画面，还强调了对这种异化现实的警觉。现阶段数字图像艺术充斥于大街小巷，生产并制作这些图像也逐渐被消费者消费。这就形成一些庞大的，甚至超越真实的景观，这些景观成为我们形成审美判断的基础。虚拟世界的景观则营造这种无对立面的"超真实"。五是传播媒介学上的解释，麦克卢汉"媒介即讯息"[②]及"媒体是人体的延伸"[③]等著名论断预言了信息流通及现阶段数字媒介引发的关于人感官功能上的变化及认知变化。这也体现了数字时代的图像需要被理解、被认知的审美升级。

---

① 这本身就作为一种解释学上的行为过程。维基百科关于解释学的部分就强调了伽达默尔本体论角度，"艺术品本体意义的发现是无止境的，审美理解实质上就是艺术品、解释者、观赏者间不断的对话，是存在意义的不断揭示"，以及"艺术品的欣赏者，亦即'同戏者'始终主动以真实的经验理解艺术品的内涵"。

② [加]马歇尔·麦克卢汉.理解媒介[M].何道宽，译.南京：译林出版社，2011.

③ [加]马歇尔·麦克卢汉.理解媒介[M].何道宽，译.南京：译林出版社，2011.

二、审美的新形式

笔者把现阶段数字图像艺术审美的新形式分为四部分，并分别论述其特征。这四部分并不是按先后顺序进行排列的，它们表现为一种并列相融的关系。在论述这四部分的关系的同时，也应考虑数字图像艺术虚拟与真实之间转化的事实。

1. 编码形式

数字图像是我们肉眼看不见的一种形态，它体现为一种数字图像的编码状态，也体现出了数字图像可以进行编程创建的特性。很多数字图像的改变集中体现在程序语言上的改变，甚至应用很多已经固定化的编程语言模块进行编辑。它可以很便捷地让我们去实现数字图像的具体编码内容。艺术家则会通过此种编程的方式进行创作，其代码的可读性和算法的执行效率都会被列入审美的范畴。我们把数字的语言程序进一步作为数字图像构成的重要元素，最终形成一种新的语言形式。如果在可供拆解分析的编程数字元点上切入艺术创作，编程艺术显然产生了独特的魅力。在编程中生成的数字图像都有极简的特征（计算所呈现的图像都是由三角形这种基本形状构建的），其很多部分也可被解释成与数字图像语言元点相关，表现为数字图像最终展现出来的由点、线、面形成的一种更为抽象的语言形式。这种形式的审美会与抽象符号审美类似，只不过在实现中需要不断地进行从编辑语言到显示过程的一系列转换，形成此种关于符号展现的尝试。当然，编程语言在存在之初就是在计算机的交互平台上被应用的，数字图像展示出来的互动性魅力也就此展现出来了。产生此种效果需要很多开发人员与专业技术人员相互配合，呈现的方式也会异常丰富。图22为笔者通过Processing编程创建的数字图像。

```
void settings() {
  size(1200, 720, OPENGL);
  //fullScreen(OPENGL);
  PJOGL.profile=1;
}
void setup() {
  server = new SyphonServer(this, "ProcessingGif");
  frameRate(10);
  background(255);
}
//for(int i=0;i<5;i=i+1){
//println(i);
//bgCol=bgCol-1;
//if(bgCol==0.0){
// bgCol=255.0;
//}
//bgCol=mouseY;
//ellipse(mouseX,mouseY,100,100);
//rect(i,mouseY,100,100,10);


void draw() {
  noCursor();
  stroke(color(random(100), random(100), 200, 20));
  strokeWeight(3.0);
  rectMode(CENTER);
  for (int i = -45+int(80); i < width; i=i+37) {
    for (int j = 30; j < height; j=j+47) {
      fill(color(random(255), random(255), random(255), 0.2));
      rect(i, j, random(20), random(20), random(20));
    }
  }
  server.sendScreen();
}
```

图22　笔者通过Processing创建的数字图像

此阶段的特征为编程运算，所呈现的多为原生的基础点、线、面结构内容，其中配合有其他设备的互动编程，以增强数字图像艺术的展示效果。在编程交互界面中形成的编程语言系统则是为最终所呈现的数字图像艺术画面服务的，从而进一步实现自动生成图像。现阶段很多艺术家通过编程做相关的艺术创作，在城市数据的可视化方面，此项编程设计起到了相当重要的可视化的作用。它形成的多项可视化的数据方案对分析城市和生态都起到了重要作用，但是其中涉及数据程序化后的数字图像的审美诉求，并进一步就编程语言的视觉审美方式进行优化升级，以期在编程艺术这一新的艺术领域做到越来越精良，实现对编程模块本身的优化、细分，更多的可选择性、易操作性、可更改性，模块之间的组合排列方式的优化、升级，模块与视觉效果的转换方式的优化和扩充等。

2.屏幕显示

这是现阶段数字图像最为普遍的显示和存在方式，我们经常看到的就是在显示器上的数字图像。随着技术的进步，此种图像的显示向更大的画幅和更高的画质的方向发展；人们甚至还把传统绘画艺术用显示器作为平台进行展示。这时数字图像所展现的内容与传统图像非常接近，我们也可以直接从数字图像设备中获得数字图像，甚至我们现在经常使用的手机都是获取、展示数字图像艺术的平台。它有很强的互动性、逼真性，甚至有些显示器被直接做成裸眼3D的效果，让我们在虚拟世界中看到了模拟空间的存在。这种形式的展示是数字图像的重要平台，也是人们跨入虚拟时代的必经阶段。这个发光的显示器在一个真实世界中散发着光芒，而这种光芒打开了另外的世界的大门。

其特征首先在于它的存在就是作为现实世界与虚拟世界对接的窗口来呈现虚拟世界，但这种呈现基于物理平台和电子基础，或者说它们体现为一种人机互动交流，哪怕它是一块巨大的互动装置玻璃。现阶段，在这种人机互动上，人类暂时还占据主动性的优势地位，因为显示器的电源仍然是由人来控制的，这让我们更切实地体验到结束与开始的间隙。但是我们已经开始对此进行不断的探索。我们毫不怀疑另一个可以显示世界的软体出现，我们也不怀疑我们所在的空间承载虚拟世界的现实性。但我们同时在主动地控制着其发展、变化方向上的可能性，探索出更具体验性、展示性的现实和虚拟空间。我们现处的这个世界已经被大量的显示器笼罩着，未来也会如此。但所有预想中的显示器的形态都会不断被实现，比如可折叠的显示器、曲面显示器，以及艺术家在创作时所要求的异形显示器等。

3.增强现实

在这个部分，我们无法回避的是让数字图像与现实世界发生关联，而此种关联体现为数字图像根据真实世界塑造出的一种可以迎合现实空间而存在的破除彼此边界的复合状态。这种状态与真实世界发生了巨大的关联，使得我们在观看时多了另一个空间——虚拟的辅助空间，这种空间营造出一个巨大的辅助空间假象，它也更多地观照了所服务的真实空间。这体现了一种相互依存的关系，而此种依存关系的出现会让我们对审美需要提出一个新的角度：如何让我们所处的世界与数字进一步融合。我们相当多的互动行为会随之产生，我们更多的审美判断会变得模糊，因为虚拟的景象已与真正的世界融合，在数字图像中出现的边界也可能就此被打破。展现在世界中的新的视觉现象就此产生了，依附于我们模拟实景的数字图像所建立的数据库的充实程度，以及机器对现实世界的识别程度。

其特征在于可以分辨出真实与虚幻的相对位置，使我们明确地知道自己身处世界的限制，找到数字图像在其位置上最合适的关系。此阶段的辅助模仿功能将把数字图像引入一个虚拟实景当中，它拓展了我们所生存环境的新维度，使我们在任何时间都可以方便地查询、参考数字图像的辅助信息。最终我们还是惊讶于虚拟数字图像所表现出的那种寄居在真实世界的状况。从游戏Pokémon GO的画面中可以看出增强现实与现实的互动关系。

4. 全虚拟世界

在增强现实出现的同时，人类也开始面对全虚拟世界。在此需要区别于屏幕内的“虚拟世界”—— 全虚拟世界是脱离屏幕边框的。

全虚拟化数字图像世界的出现，对于排在人类感觉的第一位的视觉感受能力会有一个全新的挑战，并且我们还需要面对其他感觉器官所带来的协同适应。这可能是全虚拟世界产生后人类所要面对的新状况。一方面，全虚拟世界将模拟真实世界，就像一个真实世界的巨大拷贝品；另一方面，由于自身的特性，它将建立一个具有自身属性的天马行空的数字世界，如通过符号化、重组、错误呈现等。更重要的是，在这个巨大的真实世界的拷贝品和天马行空的数字世界之间，屏幕和边框被取缔了，它们不再存在界线。到目前为止，可能看到的此种全虚拟世界的前景大部分还局限在新兴的VR影像世界，但它已经让我们看到全虚拟世界将成为可能。

然而，人类对世界的判断仍是双向维度的，真实与虚幻将成为两种不同的生存模型，这些模型会促进新的世界的发展：学习真实世界的规则和学习全虚拟世界的规则，以及掌控两者之间的切换都将同样重要。因为真实世界是相对连续、完整的，但并不能在时间上返回，或者同时选择不同的可能性。而全虚拟世界是破碎的，它可以犹如像素点一般呈点状切换，我们可以拥有便捷的重置机会，或者同时选择各种可能性。这种可能性可以最大限度地完成在虚拟平台上的创作，如今的显示器平台创作就属于此种类型，方法有叠加、拼合、生成等。在这里，我们可以看到，人类已经开始了解真实世界的各种规则，但是还正在创建并适应全虚拟世界的规则。人类将经历全虚拟世界的一切，会对其各方面的不完整程度加以切实的评价，以完善此种语言自身的哲学和美学价值。虽然传统图像语言的规则亦有一定的参考价值，但一旦打破了真实的限制，数字图像就获得了对应虚拟世界那部分的所有权。当然，人们也将在全虚拟世界体验普及的同时及时适应此种新变化①。

研究数字图像美学的审美意义也恰恰在于此，它可以让我们在语言规则中增加很多返回键来挽救人类那些相对脆弱的现实，就像在像素与像素之间建立起来的联系，从微观联系到我们整体的现状和可以面向的未来。全虚拟世界建立起了新的世界秩序，建立后则需要全部感官的配合才能够得以确认。这种状况重新定位了我们行为的准确性，使得我们不得不重新调整各种感官模式。我们也可以称之为“闭眼的状态”，这是一种类似于禅定的冥想状态，使得真实世界明显地被复制下来了，随之，无边界的数字图像辅助信息模糊了真实的存在的可能性，直到另一个全新的世界到来。

三、意识可视化与幻象世界对接

曾经有人设想把意识分离出来作为一种实体存在来进行讨论。于是意识就跨出了纯精神领域，而拥有了自己的“身体”。这本来也是中国传统的“以道观之”

① 它主要体现在符号所代表的意义及对计算机所形成的相关抽象数字图像操作的适应，我们甚至已经开始适应这种变化。我们可以看到更多的图形符号代替我们真实情绪的表达。

的身体思维状态，“这是一种全身之思，道之‘通’性、整全通合的宇宙观与联系互通的思维方式”[①]。思维方式既然成为一种实在之物，它便如其他任何身体部分一样拥有了自己的感知。在计算机出现之前，思想寄居于书本或者艺术中，我们隐隐约约知道它们的存在。而计算机及数字化屏幕的出现使思想意识找到了视觉承载体和投射镜面。因为人的重要信息来源在于视觉，屏幕和意识则具有更多相似的维度和特质。并且随着数字技术的不断更新、进步，应用在屏幕上的功能日渐轻易地同步于思想及身体上的感知。我们可以在屏幕上实现的也将越来越迅速地表达出人的意识能遍及的所有范围，乃至超出。可以说屏幕让我们与自己的意识对接了，屏幕变成了意识的可视化平台。

1. 意识可视化

第一，在实践层面上，数字图像也在努力承载着意识可视化的呈现，比如加州大学伯克利分校的杰克·加兰特（Jack Gallant）研究小组于2011年解码并重建了人的动态视觉体验，也就是大脑意识呈现出的画面。如今我们已经可以看到意识可视化雏形了。此种图像虽然非常模糊，但是基本还原了物象的大致轮廓，并且意识图像随着参照视频中物象的移动而移动。这就突破了单一的被动观看，而变为主动探索意识世界中的成像规律。

数字图像成为我们观察自己的思维意识世界的载体，并且已构建出了意识图像，这要得益于计算机科学的发展和脑电波研究所取得的进步。生涩的画面虽然处于模糊阶段，但每一次进步都是梳理审美关系的优异素材。

第二，从传统美学理论层面上而言，在建立数字图像呈现意识图像之初，我们就已经以“人作为拥有思想意识，可体验不同形式、维度的‘体道者’”[②]来描述思维所呈现出来的关联性。它是我们产生所有知识、感觉的基础。人类通过思

① 周瑾．“通”的体知——《庄子》思想的身体之维[J]. 文艺研究，2008（5）.

② 周瑾．“通”的体知——《庄子》思想的身体之维[J]. 文艺研究，2008（5）.

考来解决所面临的种种问题和状况，这就是我们能够建立起知识、科学乃至审美的基础，它为我们提供不竭的抽象形式，"……与身心和、人我和、天地和的均衡连续、整全动态的宇宙观，构成了互为呼应、体现和塑造的关系……以其身心协同的体知能力（思维与实践）……一气相通的根本特性"①，奠定了意识可视化的传统理论基础。

第三，形式与内容共同构成了意识与脑电波对应的美学关系。在此种关系下，我们也不难发现脑电波作为外化的实体存在，意识思维则作为一种内化的抽象形式存在。但无论如何，所有的关系都会落在一些非常具体的事件上，并通过科学方法形成体系。之前我们提到过最早的关于美的探索，就是被当作实体存在进行讨论的。在此之后，美学家也相当明确地指出了审美其实表现为一种抽象的直觉感受，它甚至表现为一种我们提取的一种抽象存在。把这些结合在一起，从历史角度就构成了一种相对完整性。我们只需要考虑构成这种完整性的各个要素之间的内在连接问题。而在这个时代，数字图像艺术就成为那个连接的"事件"，这个事件中包含了意识和身体（头部）构成的全部完整链接。

虚拟世界中的问题就是我们在思维意识领域中构建的一系列事物之间的链接问题。而身体（脑电波）所对应的是真实存在的基础，它是有形的。虽然两种模式发生的方向不同，但它们所形成的互动呈现方式具有新的数字图像审美特点。

2. 幻象世界

在思维中，我们强调语义学、符号学及现象学呈现出的想象画面。就具体传递出来的画面来说，我们已经在头脑中就其外观、展示形式及材料进行了大量的比对，甚至是尝试性的探索。可用材料（数字图像）呈现的不同特点使得其外化的形式形成了新的面貌。我们也不难发现构成的不同要素中展现出的丰富细节。

① 周瑾. "通"的体知——《庄子》思想的身体之维[J]. 文艺研究，2008（5）.

从形式上来说，大量的虚拟真实存在于数字图像之中。数字图像营造出的幻象世界本身就是由各种信号、编程程序、显示设备所构成的。在这种信号、程序的维度，构成我们的思维世界的数字图像进入了幻象世界，这些数据可以不断地被复制、加工、改写，具有新的面貌。这种现象与我们在思考时意识形态不断变化的过程非常类似。相关联的数字图像呈现形式探讨了人类意识可视化的可能性。从之前的例子中我们可以看到，虚拟世界的呈现需要自我意识的建构，还需要在人们统一认知体系后才得以完成。但从另一个方面，我们已经可以把它看成数字图像语言本身发出的一种信号，逐渐形成对周遭世界的影响。

从内容上来说，这些可视化都是通过显示承载体来呈现的。这相对我们所建立的传统图像来讲是不一样的，它们相对于真实世界，具有不稳定、易修改、善变的特征。它们包含更加纯粹的传播理念，使得自身成为更加纯粹的以传播为目的的图像。这些图像被快速而大量地产出、变换，直达观者，就好像意识变成了有了承载体的显示物，既能够产生，也能够被改变，这种对应的多变的特征使得意识与现实世界建立起链接。我们通过把抽象、虚拟的世界拟实化，也把现实世界抽象化。这样似乎就有了可以感知、分析、欣赏它的一种方式。这就是笔者认为的意识幻想世界的建立，这种意义已经超越了单一的形式、固化的状态。可视化中的一切都变成了可相互转换的幻象世界。

如果说数字图像艺术体系的建立体现为一种对数字图像脑神经网络的梳理过程，那么数字图像的意识可视化就成为覆盖、包裹这种网络体系的实物。

这种实体体现了意识的可视化。我们因此更加直观、深入、有弹性，更具有创造力地理解了意识这种极其抽象的“物”的存在模式。这对人类来说是一次现代科技与艺术的剧烈碰撞与融合。世界重新展现在我们面前的时候，已经呈现出一个多维度、可读取的体块。从前，人类需要花上几个世纪才能翻动这个体块，看到它的另一个面；如今，我们甚至可以随时翻动它。

第四节 人与数字图像艺术审美互动

审美是人类理解世界的一种特殊形式，指人与世界（社会和自然）形成一种无功利的、形象的状态和情感关系。审美表现在理智和情感、主观和客观上认识、理解、感知并评判世界。在“审美”这个词中，“审”作为一个动词，它表示一定有人在“审”，有主体介入；同时，也一定有可供人审的“美”，即审美客体或对象。数字图像艺术审美则是关于人作为主体的审视这类艺术形式的活动。我们针对这一活动进行的一系列的审美尝试会更加有利于这种新兴艺术形式对世界的重新建设。我们对此有所期待。

有别于数字图像可以转化传统艺术的功能，绘画、雕塑、环艺、广告、摄影等尽管都可以数字图像的形式和技术来制作并展现，但这并不是笔者论述的重点。在以上的艺术形式中，数字图像艺术仅作为一种承载体而存在。但我们要从这里剥离开所有的表层，而深入本质：基于数字图像这种承载体并与之对应的是一种特殊的可视化体系，它实现的是跨媒介、跨领域的一种实体呈现。

一、主客体的互动特征

数字图像艺术是数字图像艺术审美的一个重要组成部分。在思想可视化中，客观联系通过一系列具有画面感的想法、关键词、概念来建立。每一种不同的想法具体展现出不同的图像样貌。而数字图像的审美本质上基于这些想法间的链接关系，其呈现特征也可以从以下几个方面来描述：

1.复合性

复合性体现为一种叠加状态，不仅包含在多维意识下的图像呈现，还包含图像具备的变异形式。而在一个可以兼容各种形式及不断改变其状态的数字环境中，数字图像主要的形式特征就是复合形态，单一形态的存在形式可被视为特殊情况。在此状态中，不同的媒介形式、载体形式及呈现画面都可以相互结合，这种结合也正好印证着我们这个时代审美开放式的现状。例如，在一张我们看似普通的图像中添加了各种臆想的图案、花纹，甚至是像素点，此种叠加关系的表现对于数字图像是一种常态。有时正是这种不调和性及其各自不兼容的特征，构成了数字图像中视觉丰富性的一个重要的前提，它构成了我们现在所见的复合性的基础。

2. 复杂性

复杂性基于数字环境下关于层次和空间的表达。我们假设在同一空间组合的内容体现为同一维度下的组合，而维度之间是可以相互转化或替换的。那么在意识可视化阶段，如果这种转换的情况发生，意识的层次和空间就会变成一种交织、扭曲的维度组合。此时的艺术形态也将不再遵循常规来规范其发展，而是完全打破了在边界上的限制，变成多维度空间，我们已经可以看出它突破限制的“意图”。我们在强调思维意识的复杂性的同时，也需要强化这种复杂性在可辨识、可操作的状态下能够达到的极限。每种形态上的差异促成了数字图像艺术审美系统中无限变化的可能，形成了数字图像对应复杂思维逻辑的体系特征。

3. 不稳定性

不稳定性是非预见性的，它正是静态图像所涉及的边界。提出它的可变性和不可预见性会对接下来讨论的动态对应部分产生意义。一种可以吸引我们等待的前提就是在一个意识体系的网络下形成了随时可供欣赏其变化的数字图像艺术，而这种形式已经潜移默化地融入现实世界，我们对其存在都习以为常。而这种习惯带给我们的是对思考提出更高的要求——打破惯有模式，让意识与数字图像对接，再展现出前所未有的新能力。

对应着人类意识可视化的表现程度和表达方式，数字图像艺术已经达到一种前所未有的高度，这是因为其自身特性已经接近与意识匹配的程度。对于思维意识的另一个特征，我们可以将之描述为类似叠加的状态，这也是数字图像重要的形式之一。由此，之前传统审美中的限制被明显打破，而形成一种新发展——具有审美的可能性。在传统图像中，我们还试图找寻与世界对应的链接通道（我们对可辨识性的要求及对呈现结果的审美认识），但在数字图像艺术中，这种通道早已经被打破，它在更加宽广的思维意识领域中找到了它存在和展示价值的新意义。我们更加宽容地看待数字图像所产生的新变化。尽管还不能直接指出数字图像艺术的极限在哪里，但我们足以看到全新的数字图像思维意识可视化审美的可能性。而这种对应性就来自数字图像艺术本身的特性，这种对应关系也与现实和虚拟的对应关系有关。我们在面对传统图像时本质上是在面对其本身的物理存在属性；而对数字图像来说，我们面对的本质是一种计算机语言创造出的虚拟世界。它们之间比较关系的前提是非常不一致的。

构建思维意识可视化的前提是对应着无限可能性的基础，这样才会使我们所创造的数字图像艺术尽其可能地对应思维可投射的范围。同时，虚拟数字图像世界也成为现实世界的一面镜子——思维意识呈现的基础。数字图像艺术使我们的想象尽可能地展现出来，在对应的过程中还要遵循转换机制，笔者认为这种转换机制就是审美的主要客观目标。当然，数字图像艺术不仅体现着自身的审美问题，它还与周围的所有领域相关联。这就是主客体审美互相作用机制，它形成了一套动态契合目标机制。

二、主客体的相互作用

1.两种机制的交互

在杜夫海纳[1]看来，在审美知觉中，主客体的关系至少分三个阶段呈现出来：一是呈现阶段，二是再现阶段，三是感觉阶段。其中，呈现阶段的主要内容包括类似尼葛洛庞帝提出的内体验先验，这种先验勾画出所体验世界的结构；再现阶段的主要内容包括康德所指出的决定对客观世界认识的可能性的先验；感觉阶段则表现为通过打开深层次自我进入一个世界的情感先验。这三个阶段的整合便是杜夫海纳所指出的主客体合一先于二分。在此，我们结合杜夫海纳在审美知觉上的传统观点，再加入人与数字图像艺术在相互作用上的特殊性，进一步深入分析，得出数字图像艺术审美的新角度。

在传统的主客体关系中，作为主体的人与作为客体的审美对象存在巨大的差异。此时的人与物是可以被明显区分的，主体处在主动和被动的位置。而到了数字图像艺术审美的时代，由于客体新增的各种算法具有互动性，主客体的界限已经被模糊化了。

阿尔法狗与李世石的围棋较量正是人工智能与人类文明进行的一次互动。在这场著名的比赛中，人类战败。至此，人类得出了自身与计算机在算法和思维模式上的差距。人类看世界的方法与计算机“看世界”的方法如此不同，不得不说计算机算法为人类打开了一种理解世界的新维度。数以万计的图像通过运算直接进行比对体现了大数据算法的明显优势，这本身也是人类算法难以企及的一种计算能力。尽管如此，到目前为止人类算法却还是在应用模块组合方面更为优秀。所谓的“对模块的运用”就是从工具到概念方面的联想与结合的能力。如今，人

① 杜夫海纳（Mikel Dufrenne），法国著名美学家、现象学美学代表人物，主要著作有《审美经验现象学》《诗学》等。他认为审美对象的本质是纯粹知觉对象，即经现象学还原而实现具有主客关系本原性的意识结构。

类已经可以非常熟练地在艺术创作中把已有的模块进行创造性组合，开发新的艺术视觉形式体现了模块化后的一种套用。我们还可以得出艺术家所传递的信息来自什么创作形式，甚至可以调用其属性文件。

这种计算机的大数据算法与人脑的模块思维模式的结合，形成了一种在数字图像艺术创作中的张力。由于数字计算与人的观察投射之间存在差异，计算机与人脑在不同领域速度上的不匹配也给审美意味平添了很多可以表现的空间。在对这个方面的研究中，艺术家所创建的数字图像艺术形式会比以往任何一种在表达上都灵活、快捷。这些都是创作时所面对的数字语言的描述方式，并行于人类语言表达的对快感的探索，从而在更大的数字虚拟空间中进行无限制的创作。

在这种灵活、快捷和无限制中诞生的大量数字图像艺术作品隐含着一种对人和机器的速度的配合和对节奏的把握。这种协调性甚至成为数字图像艺术家必须思考的一个问题，因为正是此种非实时对应性为我们的创造提供了重要的空间。

笔者通过使用数字语言构建作品《自由访客与世界间隙》，体会到了这种肉眼观察与机械观察的配合，最终呈现的图像成为连接思维与虚拟世界的一种媒介。它既不完全是肉眼的观察结果，也不是纯粹的虚拟世界，而呈现出一种数字计算与人脑取景的配合所得到的中间状态。

图23　笔者作品《自由访客与世界间隙》中呈现出的计算拼合的虚拟世界

在这组艺术创作中，笔者在一列运动的火车上使用全景模式拍摄窗外的风景。这种相对运动产生了特殊的视觉环境。虽然在肉眼看来，近处的物体移动得较快，以至于无法辨认，而远处的物体移动得较慢，视觉上会较舒缓，但是在全景模式的数字计算中，这种视觉环境呈现出完全不同的逻辑：世界仿佛被时间切割、复制，其复制特征是在远处进行快速复制，前景则相对舒缓。由于这种数字算法的特殊性形成了一套有别于人眼模式的独有的数字图像艺术审美状态，也引出了一系列关于速度和空间展现，以及人与机器互相对应的问题。这就是一个人为参与的，通过计算机加工实施艺术创作的过程。（见图23）

2. 姿态

当我们深入数字图像运动发展的内部去观看数字图像艺术所带给我们视觉上的新意义时，我们会发现，我们首先需要对数字图像艺术有更多的包容，才能从根本上理解这种新兴的艺术形式。不仅需要一种从外至内的观看，更需要一种从核心到外延部分的观看，甚至在其特有的缺陷中去看待数字图像艺术的新呈现。这也体现了我们阶段性的认知程度。正如硅谷年轻一代的互联网精英们提出的应当从小学习计算机编程语言的思路一样，日后在数字世界中，我们很可能需要更频繁而积极地去处理数字图像，甚至是数字图像艺术。所以，这可能变成类似使用一种修理工具去处理我们身边无时无刻不出现的数字图像。

对于不同的艺术形式，人类都会建立对应的体系和方法进行思考。而数字图像艺术承载的对虚拟空间的想象可被视为这项审美工作的重要内容，算法的视角、多维度的可能性都为它的发展提供了新的方向。这时，作为主体的人的主观判断可能已经不再那么重要，而分析的要旨在于可以把它暂时放在一种观察的角度，先不做具体判断。描述多种可能性本身足以促成此种想象的新发展，这也是我们面对数字图像所带来的虚拟空间体验的重要方面。

面对数字图像艺术形成的新的面目，人类作为欣赏的主体，也应该对表达的可能性给予充分的肯定。这已经不是简单的关于情感方面的考虑，而是对所有出现过的数字图像艺术做出一种整体的、多维度的判断。之前我们已经提到过关于如何去观看数字图像艺术的问题，并且从构成元素、呈现载体、空间结构、叠加状态等方面进行了详尽的分析，这些分析将帮助我们对数字图像艺术有一种更具前瞻性的远景期待。

3. 关系

法国策展人尼古拉斯·博瑞奥德（Nicolas Bourriaud）在1995年提出了关系美学的概念，对人与人，人与社会、历史，现在与未来各方面的关联加以梳理，脱离了20世纪60年代关于前卫的艺术思潮的局限。早在他之前，加拿大著名的传播学家麦克卢汉出版了《理解媒介》一书，在世界范围内产生了广泛的影响。在该书中，麦克卢汉以全新的视角阐述了媒介的概念，提出了很多具有突破性的观点和理论。他的主要观点是：媒介即信息；任何媒介都是人体的延伸。而从关系上来讲，主客体之间形成了一种通道。这些观点影响着人们对科技、媒介和生活方式的理解，在众多领域具有启发性。而“媒介即信息”的理论正体现了把这种关系实体化的一个过程。数字图像艺术审美中的关系存在于主客体链接时的体验中。在这种体验关系的两端，主体和客体成为一种可以用来审美的形式。处在中间的体验本身则体现着主体和客体的并存：又是主体的体验形式，又是客体的体验形式，这是一种共生关系，也是链接主客体的一种基本形式。从这种基本形式出发，我们已经开始经历虚拟的数字图像世界与真实的物理世界的关系置换。虚拟世界正在形成围绕自身特质的一种主体，而我们正变成它的客体。这种关系上的置换会引发新的矛盾关联。这表现出在审美过程中出现的一种新状态。我们所展示的一系列数字图像艺术审美的关系链接过程就出自其不同承载体的呈现。这种关系体验是具有新形式的关联的结果，所以在审美的过程中，此种关系也被纳入可供选择体验的过程。关系作为一种可供审美的方式出现在数字图像艺术审美的领域中，它把美分成了更多可以用来欣赏的部分。超链接的关系网络促使此种情况出现，也使得我们思考链接的两端能够承受的修改、欣赏、平衡的范围。

第五章　数字图像世界的启示

本章我们将讨论美学之外的延伸部分，以及数字图像美学给我们带来的更深层的哲学启示。审美是一个古老的话题，在历史的长河里不断流变。数字美学的出现不仅衔接了传统美学的部分，更进一步开创了属于数字图像美学的审美领域。新的审美领域的出现，无异于新的世界和世界观，以及新的逻辑、伦理、政治和本体论的出现，这些都扩展了数字图像对人类存在和发展、变化的影响。

第一节　数字图像对视觉选择的影响

每种新技术的产生都会推动新的美学中心和边缘，这也为我们创造了一个重新审视艺术形式的机会。美学作为哲学的一部分，从柏拉图时期至今，经历了丰富的变化和不同的维度。在柏拉图时期，美的本质被作为一种实体来探讨。柏拉图强调美的个体特征，美被想象成一个有形的实体。到了康德时期，审美被认为是关于感性认识的科学。此时，对美的认识出于一种由理性和逻辑建立起来的可供认识的方法。到了20世纪，存在主义已经把美学推到了“个体体验”和创造“意识自由”的领域。如今，数字化世界的诞生使美学产生了一种前所未有的“异位”现象。开始时，数字艺术模拟真实世界，形成镜像；而后它脱离世界，又形成具有自身特征的数字图像符号语言。此时的美学已经被建立在自由意志、片段化及模拟性的基础上。

一、可视化的方案

在这里，我们将对“为什么数字图像艺术体现着一种可视化方案”展开分析。所谓的“使 …… 可视化”就是借助显示数字图像的设备，我们已经把它们统称为“承载体”。在这里，我们将更多地展望它的未来。在未来，人类将越来越宽泛地脱离承载体的束缚，而逐渐实现与虚拟世界的无障碍接触。所谓的“方案”就是一种可分类、可选择的计划，计划带有一种方向感。

首先，方向感存在于实现虚拟真实的部分。这一部分也依赖承载体能够展现的未来。如今我们正走在这条路上，并且正有大量的此类工作涌现于世。它们都参照现实中世界的构成部分，可以在细节上被处理得与真实世界无异。这正与HBO热映的改编自美国小说家迈克尔·克莱顿《钻石宫》的科幻剧《西部世界》中展现出来的无法分辨的真假世界如出一辙，这也是科技再现水平到达一定程度后必然达到的数字模拟实景境界。而在这种世界中，我们从数字图像的演变来看，我们所拥有的真实世界的呈现方式也可以是一种数字模拟形式，我们甚至可以相信此数字世界的真实性、合理性。这种戏剧性的变化也体现着一个科技时代演变的过程。我们会首先选择主动相信数字呈现的世界，这同大量的模拟世界的游戏出现一样；然后，我们沉溺、游弋于经过计算得出的世界，也会被动地去接纳这个新世界。

之后，我们就完全进入了虚拟的世界，不断了解并接近虚拟世界本身的逻辑，甚至图像。这些图像早已成为另一种真实，嵌入现实世界内部，没有缝隙。在这个过程中，我们已经学习了一种全新的语言，并与它完全融合。它们已经成为如衣、食、住、行般的存在。接下来，我们更进一步用它本身的语言融化它自己，实现人类与数字世界的亲密接触。

这两种方式的存在也造成了数字图像的另一种视觉方向，就是笔者想强调的数字图像的独特审美特征。也正是这样的特征造就了我们对数字图像在一个可加以区别的情况下所做出的正常反应，这种反应也是基于数字图像表现出的特征来考虑的。数字图像作为基本的数字呈现方式，给我们提供了更多的呈现可能性，这就构成了多种可视化的方案形式，人类在创造的数字图像中能够给予的数字图像的意义远胜于我们对物质世界的一种直接看法。

此时数据又不同于以往人类所堆积的简化经验逻辑，以及在掌握某种技能时能够采用的一种以优化的方式来进行的传播，而大数据会带来一系列某种方向上的全部内容。

数字图像艺术独特的魅力在于在获取、加工和处理上都有别于传统的方式。每一张数字图像都包含了海量的数字信息，这是值得我们深入分析、探究的部分。有了这种可供我们分析、探究的数字处理方式之后，我们就更把数字图像艺术看作一种可供拆解、分析、创造的方案性图像。方案性图像的特征在于实体被消解了，我们清楚地知道我们看到的都是经过处理的数据，再通过不同的承载体反射传递给我们的视觉效果。它还将不断把我们的观看推到虚拟化的极致。

分类给我们提供了重新组合的机会，数字图像艺术就是利用此种机会给新世界提供数量更大的可能化依据和方案。任何一张数字图像都具备可以被替换、改变的可能性，由此，它们便具备了一种方案式的特性。这种特性主要强调了数字图像的虚拟化，这种虚拟化意味着人们在做具体判断的时候存在困难。因为真实的标准已经被剔除，取而代之的只是无限可能。一切取决于算法的优劣，建立不同的标准已经成为新的标准和现实。这便是数字图像方案本质的游戏规则。

二、片段化取义

数字图像总作为整体的一部分而存在。数字图像这种“无限方案”的特性对于图像的可能性的获取已经产生了从量变到质变的飞跃。在数字时代以前，人们还处在经典图像的封闭世界中，图像类艺术作品由经营位置、设计色彩、安放比例等古典命题来约束。到了数字时代，这种模式已经被颠覆：图像从封闭世界走向了开放世界，从单一性走向了多种可能性。于是，我们遇到了新的课题。因为在极易获取而庞大的数字资源海洋里，人们最大限度地得到了整体，但是由于量级过于庞杂，已经超出了人的范畴，整体的样貌反而不再明显。我们知道数字世界已经代替我们完成了整体，我们便通过局部的分析来取代全貌，演绎的精髓是全部事实、真相建立在一种逻辑推演下。

从前，我们追求整体作为最终的目标；而今，破碎的局部的集合使我们所经历的历次变化以一种多样化的面貌出现。这也正好说明在某些边缘会出现一个更大的意义的可能，因为不在传统审美的考虑范围。其展现形式必将是多元化的。从前我们追寻单一化的整体，而今我们追寻多元化的局部。

片段就是这些多元化的局部，它体现着一种从局部出发到一种全新的整体的探究过程。在这之前，我们在审美的过程中会强调“先整体，后局部”的观念。但是数字图像特有的不确定性和片段化越来越让我们发觉，所有的局部拼接起来的一系列的推断构成了新的整体观。在这个新的整体观的角度再反观人类进程的路径，我们会发现，整条路径是由无数的支路径交叉得到的。这有点类似于树状结构的反向逻辑，但是又更加开放。因为当我们往下看，每条支路径本身预示着更多的主路径形成的可能性。最后，主路径会变成一种神话而存在，并不存在单一而主要的路径。一旦我们变换角度，主路径本身也会改变自身的性状。如此的片段会构成一种新的数字图像的整体意义。在一个组合之中，我们也会发现它新的可能展示的一种形式。这些都是很重要的关于片段化对于世界构成的多种形式的意义之所在，它会因主观的改变而变换方向，让我们做出新的判定，从而在构成新的形象之初就有所想象。这也是我们观看数字图像的一个出发点，它不仅被包含在此幅数字图像之中，还是其日后所有可能性的一种开端的证明。我们可以从一个方向叠加出新的方向，每个初始阶段的数字图像都是日后演变的基础素材。也正是因为数字图像的虚拟性特征，以及其可以进行改动的特性，包括呈现其特征的载体的不同，都会使数字图像产生一连串的相对应的连锁反应。这就使得我们之后的观察都沉浸于一个相对异变的环境中，我们从开始时对待数字图像就会有一种游离的态度。

三、真实的外延

鲍德里亚认为，再现的形象表现为四个连续的发展阶段：A.它是基本的现实的反射。B.它伪装并歪曲了基本的现实。C.它标志着基本现实的空缺。D.它与任何一种现实都毫无关系——它是它自己的纯粹拟像① 。其根源就是以艺术打破现实的界限。这也是我们能够在艺术和现实之间游走的一个普遍前提，它促使模拟打破现实的僵局。而在数字图像艺术中，这种现象被进一步纯化了。

我们已经将真实世界数字化，这是之前所有的艺术都不曾做到的。我们甚至可以感觉到一个纯粹的数字化世界存在是可以被允许的，我们也完全可以合理地幻想全体人类能够生活在数字图像之中。我们慨叹于真的有如此逼真却没办法触及的世界，而它的建构是那样的完整，它们的每一个细节都构成了整个体验的链条，并且已经初具规模。所有的这一切都在告诉我们，在模拟的那一边则是那端信号的集中体，是一个核，我们也都处在它投射的影像之下。

在这种情况下，我们已经与真实世界做了一种妥协式的交换。这种交换带来

① [英]克里斯·加勒特，[英]扎奥丁·萨德尔.视读后现代主义[M].宋沈黎，译.合肥：安徽文艺出版社，2009.

的是我们不再强调真实世界给人带来了什么，转而追问并渴求数字图像给人带来了什么，一切都笼罩在那个云端的核之下。

这种置换带来的结果就是，我们都得到了一种显而易见的不切实际的设置。最初人类把自己的坐标设置交给自然，后来是宗教，再后来是经济，人类在每个时期都如此热衷于寻找一种可靠的设置。但是在今天，虚拟世界在短短的几十年里已经蔓延至全球，稳固性的泡沫逐渐消解。但这种动荡不安并未使人类走向分崩离析，相反，人类却欢欣鼓舞地进入了新世纪。可以说，人类从未如此接近真实。

我们正在搭建的是更加复杂的一种体验形式。虚拟世界是一个可以放大内心世界的感官世界，而减少了身体碰撞的体验。积极地看，它让我们时刻都保持一种高度的自觉认知的状态。

这种自觉性并非心理学惯常用到的自我觉察，也不在于是否必须区分真实世界和虚拟世界的界限，它比它们走得更远。它体现为一种更加自由、宽容，笼罩在真实外延上的光环，让真实显得不那么生硬而无聊，提供给人类一种实在与虚无之间的张力，使人类可游走于可能性和欲望同时存在的区域。

在这样的基础上反观的真实世界将异于往常。我们将发现真实的部分缩小了，虚拟世界的建立让我们变得更加警觉，无论是对真实的判断，还是对自我的判断，都将更加谨慎、细腻而丰富。

第二节 数字图像的其他特性

没有什么图像不被包含在数字化图像的世界中，也没有什么是我们无法想象的。我们从记录的开始，就逐渐以打破并突破其本身的固有模式为己任，最终获得新的审美价值。而现在我们也正在经历这样的历程。如今，我们看到数字图像，都在它与现实存在对接上满怀期待，很像从抽象而来，奔向具象。我们建立起一个又一个这样的数据库群，以在数据库群中调取包含所有数字图像的信息。因为数字的可改动属性是客观存在的，而我们也在最大限度上接受了这种改动的底线。因为有了这种异化的可能，我们在数字图像世界的生存变得更加有生机。其生命力体现在包容性（时间性、广度甚至是深度）上，我们都将看到一个无所不包的数字图像世界，实现“所得即所看”，这也是数字世界神奇的地方。

一、整合性

1.时间

如今，数字图像世界已经完成了大量的转化和再现历史的工作，这一分支还将在未来得到不断完善。在时间的领域中，数字图像将成为那个尤其使人身临其境的纵贯历史与现在的一种媒介。这种可以把之前所创造的世界也建立在虚拟之下的方式也是数字虚拟化的一部分。在我们所处的这个世界，时间刚好是通向更高纬度的一个拐点，人类在三维世界里如果要更容易地把握四维世界，模拟将成为最好的选择，并为人类带来最大的便利。于是我们在处理数字图像的视觉感受时也越来越突出其可以进行时空转换的特征，使得数字图像呈现更多的时空维度，这种呈现具有一种前所未见的实验性，我们在不远的未来就会在体验中增加这一部分形式。科幻片的未来将在现实中实现，甚至在时间旅行之中，数字图像也会极大地发挥其模拟的特性。我们可能在一种假设的环境中模拟出时间旅行，毕竟在虚拟的世界中，时间、地点的确立并不像真实世界中的线性发展一样明确，甚至完整。

除此之外，数字图像已经颠覆了现在及可回溯的所有人类历史的图像。所有的图像都会被数字化，它们都将被存放在巨大的数据库群中，以供反复备份和提取。在这之后，人类可以在任何时候任意抽取任何时间点上的一块模拟切片，并释放出它所包含的模拟世界，以供使用。

2. 广度

如今，数字图像的应用已经涵盖了所有的可视化领域，如绘画、雕塑、设计、摄影，甚至表现为音乐可视化、数据可视化 —— 它成为一种无所不包的全范围覆盖。经过它的过滤和重建，所有的可视化领域已经具备了最大尺度的通用语言和通用材质。

所以，就某个单一项或者单一领域做出判断或剖析的逻辑已经过时。正是因为数字图像所涉猎的领域如此宽泛，我们已经不得不抛弃局限，而蜕变得更加宽容，并且进行更广泛的链接。如今我们已经处在这个敞开的开端之中。

这也正是数字图像艺术带来的一种普遍认识。它所在的层面上的广博含义使得我们在思考数字图像艺术的问题时，必须把数字所引发的一系列的关系链同时考虑。这也造成在传统分类方面产生一些困扰，甚至消解了传统分类本身。

3. 深度

在现实世界的维度之外，数字世界通过承载体已经打开了一扇窗，并且在自身内部形成了独立的审美体系。它们已经使得数字图像在此领域中创建了一种可供审美的新型的语言形式，并且这种形式会以一种复合维度的形态出现。

这种复合维度表现在三个方面：A.从承载体产生到承载体消失的过程。

B.复合媒介的出现。C.虚拟世界筛选真实和增强真实的筛网效应。

首先，当承载体消失，二维虚拟世界转换到三维虚拟世界，数字世界从屏幕走向真实空间，并拥有了自己的第一层深度。数字将成为附着于真实世界的一种材质，这种材质如空气一般使人类沉浸其中。除了没有实体和重量，它将无异于真实。

其次，复合媒介应运而生。它将是现实世界、增强现实和虚拟世界的复合体。在这种复合媒介之中，人类会细致地探讨三种不同材质之间的互相补充、配合、冲突，以及对照、生存、延续，世界将呈现出三者的叠加的厚度。

从最终的虚拟世界本身反观复合媒介的世界，无论真实世界还是增强现实，都是虚拟世界的素材，一切都将通过虚拟世界的筛选和转化而最终着于虚拟世界的底部。从单一层级到多重层级，再到复合层级，都表现为数字图像在建立之初就呈现出的与其他视觉形式的不同，这使得我们在思考其自身审美价值之始就对数字图像做出多重判断。这些判断带给我们新的体验，这种新体验也可以说体现了其深度带来的特有的审美意义。

二、脆弱属性

脆弱性指的是数字图像本身的脆弱性，它包括微观尺度上的算法损失，以及链接真实世界时的脆弱状况。

1.展示平台上的消耗

很难想象，数字图像在拥有了如此巨大的吞噬现实的能量的同时，与其他所有物质一样具有脆弱性。比如，当我们在同一款软件里多次旋转同一张图像，这张图像会因为这些旋转而损耗一小部分微妙的像素。在这个微妙的过程中，我们可以看到算法给图像带来的损耗，就像在真实世界里物质被使用后的损耗一样。

又比如，一张由佳能数码相机拍摄的无损格式的照片在软件里打开仍然是有损耗的，而且这是不可逆的一种损失。而在佳能自带的图片处理软件中打开，将得到完全无损的图片。这些微妙的区别很少被发觉，但是的确存在。在真实的世界中，我们面临图像的两种选择：一种为无损压缩数字图像格式；另一种为数字图像压缩模式，现实世界能够提供给数字图像的展示空间和平台表现为压缩形式。最大化地展现数字图像则变得难以企及，庞杂的数字存储的显示亦是如此。

2. 能源的消耗

另外，数字图像在建立之初就体现着由数字建立起来的一整套基于电子计算机的科学，联通真实世界与虚拟世界的前提是如今尚且富足的能源。一旦能源耗尽，抑或是拔掉虚拟世界的电源插头，一切都将被关闭。它吞没现实，使我们赖以生存的土壤异化为脆弱的像素屏幕。这种脆弱及虚拟维度已经成为一个新的世界的土壤，在这片土壤上成长起来的艺术也无疑带有这种根源上的脆弱性。这里的脆弱有时候是物理上的，有时候是心理上的，有时候则无法判断。数字图像对应真实世界的有机生命体，有其自身强烈的固定特征。即便如此，在自我形成的过程中还需要大量的资源来进行补充和修缮。于是，我们不得不进一步思考能源的问题。虚拟世界虽然没有实体，但依然耗费着大量的能源。由此，无论是个体行为、阶段性决策，还是总体归宿，一旦单个人或是人类总体不再有兴趣在这个方向上消耗能源，数字世界便将不复存在。

3. 自我完善机制与中性特征

更深入一步，当我们进入数字图像内部的构造，我们会进一步发现其脆弱性。在人类的进化史中，我们会看到一个不断犯错，并且在失败的基础上不断重建，修正自身的基因的进化体系。但是，至少直到现在，数字图像世界依循的是完全不同的进化过程。它看起来完美无缺，不断升级，也不会遭遇失败和毁灭，它拥有重来一次的机会。虽然在外部看来，所有的错误都是由人类修复的，但它自身具备从失败中进化的能力①。

三、中性

在数字世界中只存在0，1运算，此种运算属于中性的。人类已经选择并发展了数字世界，这就足以彰显它的存在感和优越性。人类往往以结果判断正误，所以数字世界作为正确的存在已经被放大了。但是，这种正确的单一状态失去了参照并已经过时。数字世界的固有特性已经驯化人类进入一种去正确性的生存空间。在观看数字图像的时候，我们并不会刻意提醒自己去确认图像的真伪，好像此命题本来就不应在数字图像中出现一样，它在根本上与数字图像的属性相关，无真伪存在属性和目标性，亦无道德判断。数字图像并不存在真实与虚假的道德问题，因为在执行确定目标任务的过程中，过程本身并无害。所以最终呈现出来的是一个中性的面貌。

在笔者看来，数字图像的中性特征正是其自身能够存在于真实世界的一个重要前提，因为中性的特征使数字图像具备与实践层面的顺接关系，并且可以作为一种常备手段来弥补我们关于实用工具所有的完备想象。所以数字图像一种重要的关于中性的价值就彰显出来，中性特征也使数字图像被更好地建立在多种应用领域。它不仅涉及广度和深度，甚至还贯穿时间长河的始终。这是之前我们所未见的一种能力，既然它可以建构整个虚拟世界，那么笔者也相信没有利害指向关系的数字图像会作为一种重要手段来塑造新的世界。在无限的世界中，必然需要一种包罗万象的新的可能对应物与之相符，这样，数字图像在这里起的作用无疑就十分重要了。

---

① 正如Siri、小娜等语音识别程序基于大数据运算的更新能力。

结　　语

艺术工作的一部分重点就是研究艺术建构。一个时代会建立自己的艺术建构形式，一个艺术家也会建立自我的艺术风格。如今，以数字化图像艺术为背景的艺术风格建构是一个崭新的课题。因为这种新的艺术诞生在当下，它正处在被接纳和适应的阶段。人们并不完全清楚当它被理解、分析以后会带来什么样的视觉世界，或者将面对什么样的深刻的视觉破坏性。也正因如此，对这种新兴艺术的梳理和思考才显得尤为重要。我们将更清晰地看到这种新艺术在技术审美与艺术审美上带来的价值和困惑。正因如此，我们才有机会跳脱这个时代，以更宏观的角度做出自由意志的选择，而不至于被它吞没。

此种美学形式的建立基于人类复制与变异的生物过程、历史进程及创造过程，并围绕它展开一系列相关命题。后现代美学所谓的“生活世界”实际上是服从叙事改变的语言世界，而不是简单意义上的社会实践世界。威尔什[①]指出美学已经失去作为一门仅关于艺术的学科的特征，而作为一种更宽泛的、更一般的理解现实存在的方法，其原因就在于现实本身被美化了。这里所强调的美学特征明显带有一种普遍性的审美趣味，而非个体的特殊趣味。现阶段则出现了另一种情况，这种情况倡导说大众是由每个个体组成的，这种类型化的构成关系既在满足

① 沃尔夫冈·威尔什（Wolfgang Welsch），理论哲学教授，主要研究方向为认识论、美学及艺术理论，代表作有《我们后现代的现代》《审美思维》《解构美学》等。

普遍趣味，更强调满足个体需求。这也是构成个体艺术形式的一种诉求。

如今，我们正处在一个网络信息传播异常发达的时代，对数字图像艺术的认识也表现为一种对现状的投射。基于复制和传播的数字图像发展则成为满足个人化需求的趋势。这种趋势的建立就基于个体当下的定制设计，包括个体主观意志的对所涉及的现有数字图像的删减、编辑或存留。这种形式的虚拟化程度之高也已经被哲学家、艺术家们广泛讨论。我们建构的是一个立体式的发展结构，它对应的则是关于现实世界概念化的部分。我们在虚拟、真实，以及它们相关元素之间的链接中讨论数字图像艺术审美的独特性，这也涵盖了笔者认为的实践的意识所建立起来的强大、全面的审美体系；而作为虚拟的模仿对象再一次被推上舞台。数字图像接着代替了其真实存在而变成了真正意义上的思想呈现。当然，这种呈现最终还要依靠在虚拟实践中建立的各种元素关系搭建起来的共同语言来同时完成此项任务。

在此项数字艺术审美形式的建立过程中，拟像作为重要的部分已经形成了一整套对现实世界的模仿。它在模仿的过程中又不断地深化了其特征。大量电影中的拟真数字化特效带来了视觉上的极大震撼，VR的影像世界呈现的则是360° 拟真，一些大型的互动游戏画面中令人信服的细节也在不断被添加。所有这些都作为一整套的虚拟空间建设的一部分而存在。我们经历着前所未有的数字影像时代，并且这种以拟真为主的世界正在不断超越我们对虚拟世界的想象。

另外的方面则是针对心理空间的进一步模仿。各种与心理投射有关的数字化符号部分在构成整个数字艺术体系的要素中也起到了重要的作用。目前已经有大量模拟心理情绪的数字图像符号出现。这些新的形式被添加到数字图像艺术中，虽然人们在观看的时候就知道它的虚拟属性，但这种虚拟反映了某种心理真实。在这里，心理真实被数字图像可视化了。如今，这巨大的可视的心理真实已经完全渗透进人类日常，并且还在不断扩大。从这方面展开的数字图像艺术则更加注重与心理学和哲学的对接。从日常渗入到创造更富有感染力的心理空间，包括更具人工智能前景的心理感应对接，都将是需要这个方向上的艺术家们不断探讨的话题。

除了心理空间被数字图像艺术打开，数据分析领域也开始借助数字图像的功能和魅力使观众更加便捷地理解，并被它震撼。数据分析不仅具有社会学上的价值，我们所感知的一切都可以用来进行可视化数据形式的判断和描述。数据可视化成为一种解释学的新语言：可视化的箭头、抽象的几何形式关系都是讲述内容的新形式。这种新语言也成为组成数字图像艺术体系的重要部分，抽象的模拟也已经形成了可供审美的新型标签。

数字图像的构建艺术形式涉及了图像发展的历程，正如黑格尔在《哲学演讲录》导言中指出的，“哲学也是一部哲学史”。在数字图像艺术中，我们在每一个出现的数字图像形式中寻找与之相关的图像特征。在这些特征中，我们发现数字图像所经历的转变过程，这种转变过程表现为现实存在连接着未来存在，在统一平台上不断向前迈进的过程。在数字图像的应用领域中，大众化与个人的审美相关联，使得数字图像具备双重属性。艺术家和科学家也针对数字图像所面对的计算机部分、传播部分及呈现部分展开各自领域中的探索，不难发现，数字图像是伴随着科学技术的发展，并且不断通过艺术家新的艺术构想去实现的一种艺术形式。大众广泛参与到艺术家不断推出的新的数字图像艺术创作，并且不断接受数字图像艺术在各个平台（软硬件平台、交流平台、展现平台等）上的发展。同时又涌现出之前平台上并没有出现过的新形式，促进了数字图像艺术的新的发展。直到我们跨入新的领域与其他系统进行链接后，数字图像艺术的渗透机制变成了下一个所连接领域中的基础。

如今的时代正是数字信息和算法更替、变换的时代，我们会对数字图像艺术这个既是研究对象，又是承载体的特有图像模式进行更深入的了解和剖析。碎片化的时代特征及不断运行、迭代的历史进程在现阶段已经凸显出来。数字图像艺术是位于此种发展、变化中最显著的一部分。在我们身边不断涌现出的数字图像艺术为我们开启了一个入口，进入后，我们则需要一种全新的路径及方法论去接纳这种数字图像艺术所带来的全新体验。数字图像的艺术审美是基于这种诉求而诞生的一种观察视角或分析方式，承载数字图像的屏幕则作为目前的对接窗口而存在。这让我们从屏幕之中得到了一个与真实对称的虚拟图像世界。这种对称不仅是物象上的对应，在某种程度上更多体现的是一种与思维的对接模式——我们营造出了一个应有尽有的幻想世界。模块化的形成则更易于我们同时从多维度链接整个世界。

对数字图像艺术中的技术审美和艺术审美的研究可以帮助我们进一步分析、更好地体验数字图像艺术。现阶段所形成的数字图像的诸多可能性已经更大限度地与人类的想象世界达成默契、相得益彰。在数字图像艺术主客体间的有机转换和相互影响的过程中，定能基于现代传播学理论，以及艺术和科学领域的发展，呈现出更新的数字图像审美语言。语言的形成成为表达的第一步，数字图像审美艺术研究伴随着时代的发展还将迎来更多的挑战和讨论，笔者在此抛砖引玉，期待各位同人继续关注。

参 考 文 献

中文

[1] [以色列]尤瓦尔·赫拉利.未来简史[M].林俊宏，译.北京：中信出版社，2017.

[2] [意]卡洛·罗韦利.七堂极简物理课[M].文铮，陶慧慧，译.长沙：湖南科学技术出版社，2016.

[3]李光，王征.影视数字绘画[M].北京：中国电影出版社，2016.

[4] [法]让·波德里亚.致命的策略[M].刘翔，戴阿玉，译.南京：南京大学出版社，2015.

[5] [加]马歇尔·麦克卢汉.理解媒介：论人的延伸[M].何道宽，译.南京：译林出版社，2019.

[6] [英]约翰·伯格.观看之道[M].戴行钺，译.桂林：广西师范大学出版社，2015.

[7] [法]雷吉斯·德布雷.图像的生与死：西方观图史[M].黄迅余，黄建华，译.上海：华东师范大学出版社，2014.

[8] [瑞士]科瑞尼·莎茨.罗曼·西格纳雕塑[M].王盼，译.杭州：中国美术学院出版社，2014.

[9] [法]让·波德里亚.消费社会[M].刘成富，全志钢，译[M].南京：南京大学出版社，2000.

[10] [法]让·波德里亚.完美的罪行[M].王为民，译.北京：商务印书馆，2000.

[11] [法]雅克·朗西埃.图像的命运[M].张新木，陆洵，译.南京：南京大学出版社，2014.

[12] [以色列]尤瓦尔·赫拉利.人类简史：从动物到上帝[M].林俊宏，译.北京：中信出版社，2014.

[13] [美]莱文森.数字麦克卢汉：信息化新千纪指南（第2版）[M].何道宽，译.北京：北京师范大学出版社，2014.

[14] [法]米歇尔·希翁.视听：幻觉的建构[M].黄英侠，译.北京：北京联合出版公司，2014.

[15] [英]艾美利亚·琼斯.自我与图像[M].刘凡，谷光曙，译.南京：江苏美术出版社，2013.

[16]李四达.数字媒体艺术史[M].北京：清华大学出版社，2013.

[17] [日]杉浦康平.造型的诞生：图像宇宙论[M].杨晶，李建华，译.北京：中国人民大学出版社，2013.

[18] [美]简·罗伯森，[美]迈克丹尼尔.当代艺术的主题：1980年以后的视觉艺术[M].匡骁，译.南京：江苏美术出版社，2013.

[19]谢宏声.图像与观看：现代性视觉制度的诞生[M].桂林：广西师范大学出版社，2012.

[20] [美]W J T米歇尔.图像学：形象、文本、意识形态[M].陈永国，译.北京：北京大学出版社，2012.

[21]刘翔.采取物的立场——让·鲍德里亚的极端反主体主义思想研究[M].

北京：中国社会科学出版社，2012.

[22] [英]罗伊·阿斯科特，著；袁小潆，编.未来就是现在：艺术、技术和意识[M].周凌，任爱凡，译.北京：金城出版社，2012.

[23] [法]玛蒂娜·乔丽.图像分析[M].怀宇，译.天津：天津人民出版社，2012.

[24] [法]丹纳.艺术哲学[M].傅雷，译.南京：江苏凤凰文艺出版社，2017.

[25] 李四达.数字媒体艺术概论[M].北京：清华大学出版社，2012.

[26] [美]桑卡，[美]赫拉瓦卡，[美]博伊尔.图像处理、分析与机器视觉[M].艾海舟，苏延超，译.北京：清华大学出版社，2011.

[27] 陈怀恩.图像学：视觉艺术的意义与解释[M].石家庄：河北美术出版社，2011.

[28] [加]埃克伯特·法阿斯[M].美学谱系学.阎嘉，译.北京：商务印书馆，2011.

[29] 彭锋.美学导论[M].上海：复旦大学出版社，2011.

[30] [美]A L 李斯.实验电影史与录像史[M].岳扬，译.长春：吉林文史出版社，2011.

[31] [美]欧文·潘诺夫斯基.图像学研究：文艺复兴时期艺术的人文主题[M].戚印平，范景中，译.上海：上海三联书店，2011.

[32] 王志敏.元美学[M].南京：江苏教育出版社，2010.

[33] 黄鸣奋.新媒体与西方数码艺术理论[M].上海：学林出版社，2009.

[34] [法]让·波德里亚.冷记忆1[M].李万文，张新木，译.南京：南京大学出版社，2009.

[35] [法]让·波德里亚.冷记忆2[M].张新木，王晶，译.南京：南京大学出版社，2009.

[36] [法]让·波德里亚.断片集：冷记忆（1991—1995）[M].陈旻乐，李露露，译.南京：南京大学出版社，2013.

[37] [法]让·波德里亚.冷记忆4[M].张新木，陈凌娟，译.南京：南京大学出版社，2009.

[38] [法]让·波德里亚.冷记忆5[M].张新木，姜海佳，译.南京：南京大学出版社，2009.

[39]韩丛耀.图像——一种后符号学的再发现[M].南京：南京大学出版社，2008.

[40]曹天元.上帝掷骰子吗：量子物理史话[M].沈阳：辽宁教育出版社，2008.

[41] [新西兰]肖恩·库比特.数字美学[M].赵文书，王玉括，译.北京：商务印书馆，2007.

[42] [美]斯蒂夫·琼斯.新媒体百科全书[M].熊澄宇，范红，译.北京：清华大学出版社，2007.

[43]刘旭光.论质觉：对视觉艺术中质觉概念的研究[M].济南：山东美术出版社，2006.

[44] [美]W J T 米歇尔.图像理论[M].陈永国，胡文征，译.北京：北京大学出版社，2006.

[45]贾秀清.重构美学：数字媒体艺术本性[M].北京：中国广播电视出版社，2006.

[46]廖祥忠.数字艺术论（上、下）[M].北京：中国广播电视出版社，2006.

[47]冯峰，刘庆元，蔡燕，仰民，尹杨平.图像：叙述与再现[M].广州：岭南美术出版社，2005.

[48] [美]鲁道夫·阿恩海姆.艺术与视知觉[M].滕继尧，朱疆源，译.成都：

四川人民出版社，1998.

[49] [美]E M 罗杰斯.传播学史：一种传记式的方法[M].殷晓蓉，译.上海：上海译文出版社，2005.

[50] [斯洛文尼亚]阿莱斯·艾尔雅维茨.图像时代[M].胡菊兰，张云鹏，译.长春：吉林人民出版社，2003.

[51] [美]苏珊·桑塔格.疾病的隐喻[M].程巍，译.上海：上海译文出版社，2003.

[52] [美]桑塔格.反对阐释[M].程巍，译.上海：上海译文出版社，2003.

[53] [日]谷口庆治.数字图像处理[M].朱虹，等，译.北京：科学出版社，2002.

[54] [德]瓦尔特·本雅明.机械复制时代的艺术作品[M].王才勇，译.北京：中国城市出版社，2002.

[55]王序.麻省理工学院媒体实验室约翰·梅达的学生作品[M].北京：中国青年出版社，2001.

[56] [美]约翰·费斯克.理解大众文化[M].王晓珏，宋伟杰，译.北京：中央编译出版社，2001.

[57] [美]马克·波斯特.信息方式[M].范静哗，译.北京：商务印书馆，2000.

[58] [美]尼古拉·尼葛洛庞蒂.数字化生存[M].胡泳，范海燕，译.海口：海南出版社，1997.

[59] [古希腊]柏拉图.文艺对话集[M].朱光潜，译.北京：人民文学出版社，1963.

[60] [德]马丁·海德格尔，著；孙周兴，编.海德格尔选集[M].上海：上海三联书店，1996.

[61] [英]贡布里希，著；范景中，编选.艺术与人文科学——贡布里希文

选[M].杭州：浙江摄影出版社，1989.

[62] [英]贡布里希.艺术与错觉——图画再现的心理学研究[M].林夕，李本正，范景中，译.杭州：浙江摄影出版社，1987.

[63] [美]潘诺夫斯基.视觉艺术的含义[M].傅志强，译.沈阳：辽宁人民出版社，1987.

英文

[1] Meredith Anne Hoy. From Point to Pixel:A Genealogy of Digital Aesthetics[M]. Dartmouth College Press, 2017.

[2] David Hockney, Martin Gayford. A History of Picture[M]. Thames&Hudson, 2016.

[3] Christiane Paul. Digital Art[M]. Thames&Hudson, 2008.

[4] Charlotte Cotton. Photography Is Magic[M]. Aperture, 2015.

[5] Lars Bang Larsen. Networks[M]. The MIT Press, 2014.

[6] Berry, David M. Understanding Digital Humanities[M]. Palgrave Macmillan, 2012.

[7] Ira Greenberg. Processing:Creative Coding and Computational Art[M]. Friends of ED, 2007.

[8] Michael Rush. New Media in Art[M]. Thames&Hudson, 2005.

[9] Nikolaos Bakalis. Handbook of Greek Philosophy:from Thales to the Stoics Analysis and Fragments[M]. Trafford Publishing, 2005.

[10] Matt Pharr, Greg Humphreys. Physically Based Rendering:from Theory to Implementation[M]. Morgan Kaufmann, 2004.

[11] Rachel Greene. Internet Art[M]. Thames&Hudson, 2004.

[12] W J T Mitchell. Picture Theory[M]. University of Chicago Press, 1995.

[13] Theodore H, Nelson. Computer Lib[M]. Microsoft Press, 1987.

[14] Michael Mann. The Sources of Social Power[M]. Cambridge University Press, 1986.

